Springer-Lehrbuch

T0253494

Springer
Berlin
Heidelberg
New York
Barcelona
Hongkong
London
Mailand
Paris
Tokio

Heinz Lüneburg

Rekursive
Funktionen

Springer

Prof. Dr. Heinz Lüneburg

Universität Kaiserslautern
Fachbereich Mathematik
Postfach 3049
67653 Kaiserslautern

luene@mathematik.uni-kl.de

ISBN 3-540-43094-6 Springer-Verlag Berlin Heidelberg New York

Die Deutsche Bibliothek – CIP-Einheitsaufnahme
Lüneburg, Heinz: Rekursive Funktionen / Heinz Lüneburg. – Berlin; Heidelberg;
New York; Barcelona; Hongkong; London; Mailand; Paris; Tokio: Springer, 2002
(Springer-Lehrbuch)
ISBN 3-540-43094-6

Dieses Werk ist urheberrechtlich geschützt. Die dadurch begründeten Rechte, insbesondere
die der Übersetzung, des Nachdrucks, des Vortrags, der Entnahme von Abbildungen und
Tabellen, der Funksendung, der Mikroverfilmung oder der Vervielfältigung auf anderen
Wegen und der Speicherung in Datenverarbeitungsanlagen, bleiben, auch bei nur auszugs-
weiser Verwertung, vorbehalten. Eine Vervielfältigung dieses Werkes oder von Teilen dieses Werkes ist auch im Einzelfall nur in den Grenzen der gesetzlichen Bestimmungen des
Urheberrechtsgesetzes der Bundesrepublik Deutschland vom 9. September 1965 in der jeweils geltenden Fassung zulässig. Sie ist grundsätzlich vergütungspflichtig. Zuwiderhand-
lungen unterliegen den Strafbestimmungen des Urheberrechtsgesetzes.

Springer-Verlag Berlin Heidelberg New York
ein Unternehmen der BertelsmannSpringer Science+Business Media GmbH
http://www.springer.de

© Springer-Verlag Berlin Heidelberg 2002
Printed in Germany

Die Wiedergabe von Gebrauchsnamen, Handelsnamen, Warenbezeichnungen usw. in
diesem Werk berechtigt auch ohne besondere Kennzeichnung nicht zu der Annahme, dass
solche Namen im Sinne der Warenzeichen- und Markenschutz-Gesetzgebung als frei zu
betrachten wären und daher von jedermann benutzt werden dürften.

Umschlaggestaltung: design & production GmbH, Heidelberg
Satz: Reproduktionsfertige Vorlagen vom Autor
Gedruckt auf säurefreiem Papier – SPIN: 10863727   33/3142 GF   5 4 3 2 1 0

Inhaltsverzeichnis

αἰ πὸτ ἀριθμόν τις περισσόν, αἰ δὲ λῆις πὸτ ἄρτιον,
ποτθέμειν λῆι ψᾶφον ἢ καὶ τᾶν ὑπαρχουσᾶν λαβεῖν,
ἢ δοκεῖ χά τοί ἔθ’ ωὑτὸς εἶμεν; — οὐκ ἐμιν γά χα.

Wenn einer zu einer ungeraden Zahl, oder auch einer
geraden einen Stein zulegen oder auch von den vor-
handenen einen wegnehmen will, meinst du wohl, sie
bliebe noch dieselbe? — Bewahre.

Epicharmos, 6./5. Jh. v. Chr.
(Diels/Kranz 1992, S. 196)

Avantpropos. Ob ich Informatiker geworden wäre, fragte mich ein
Kommilitone in den Ferien. Meinem Erstaunen begegnete er damit,
dass ich doch im nächsten Semester (SS 2001) über rekursive Funktionen läse. Nun, wenn ich über ein Thema lese, dass auch Informatikern
am Herzen liegt, heißt das noch lange nicht, dass ich Informatiker
geworden bin.

Das Thema „rekursive Funktionen" kam in den zwanziger und dreißiger Jahren des 20. Jahrhunderts auf, lange bevor es Informatiker
gab. Konrad Zuse baute in den dreißiger Jahren zwar schon an seinen
Rechenmaschinen und Charles Babbage hatte schon hundert Jahre zuvor eine programmgesteuerte Rechenmaschine entworfen, die aber das
gleiche Schicksal hatte wie die leibnizsche Maschine, keinen Mechani-
ker zu finden, der sie bauen konnte, doch die Überlegungen, die die
Mathematiker zu den rekursiven Funktionen führten, stammten aus
ihren Überlegungen zu den Grundlagen der Mathematik.

Erwähnt man Babbage und seine Analytical Engine, so muss man
auch Ada Lovelace, die Tochter von Lord Byron, erwähnen. Sie in-
teressierte sich für diese Maschine und übersetzte die Schrift *Notions
sur la machine analytique de Charles Babbage* von L. F. Menabrea ins
Englische und kommentierte dabei den Text. Gleichzeitig gab sie ein
Programm, um die Bernoullizahlen zu berechnen. Sie sagt über diese
Maschine „the Analytical Engine weaves algebraic patterns, just as the
Jacquard-loom weaves flowers and leaves."

Doch zurück zu unserem Thema. Thoralf Skolem hat schon 1923
die Funktionen, die wir heute primitiv rekursiv nennen, zur Begründung der elementaren Arithmetik benutzt (Skolem 1923). Bei Hilbert
tauchen diese Funktionen in einem völlig anderen Zusammenhang auf
(Hilbert 1926). Hilbert glaubte, dass sich jeder mathematische Sachverhalt in einer formalisierten Sprache wiedergeben lasse und dass sich
immer ein Entscheidungsalgorithmus fände, der entschiede, ob der
fragliche Sachverhalt richtig oder falsch sei. Ein berühmtes, damals
noch offen stehendes Problem war die cantorsche Kontinuumshypothe-
se, von der wir heute wissen, dass sie unentscheidbar ist. Die Kontinu-
umshypothese besagt, dass die Mächtigkeit der reellen Zahlen gleich
der kleinsten, nicht abzählbaren Kardinalzahl sei. Hilberts Idee, dies

zu beweisen, basierte auf der Bemerkung, dass die Mächtigkeit der Menge A aller Abbildungen von $\mathbf{N}_0$ in $\mathbf{N}_0$ gleich der Mächtigkeit von $\mathbf{R}$ ist. Er versuchte nun, die Menge A so zu strukturieren, dass er einen guten Überblick über das Entstehen von A erlangte. Er zerlegte A in Schichten nach der Kompliziertheit ihres Entstehens. Die unterste Schicht, die Schicht der einfachsten Funktionen, bestand wieder in der Menge der primitiv rekursiven Funktionen. Die Erzeugung bestand *grosso modo* darin, dass man Funktionen rekursiv erzeugte, wobei Variable zunächst nur über $\mathbf{N}_0$ variierten, dann aber auch über bereits erzeugte Funktionen. Mehr sei hier nicht dazu gesagt.

Gödel aber in seiner bahnbrechenden Arbeit *Über formal unentscheidbare Sätze der Principia Mathematica und verwandter Systeme* von 1931 benutzte ebenfalls die primitiv rekursiven Funktionen, die er rekursive zahlentheoretische Funktionen nannte. Mit dieser Arbeit zerbrach der hilbertsche Traum, dass die ganze Mathematik formalisierbar sei. — Die „Principia Mathematica" finden sich im Literaturverzeichnis unter Russel & Whitehead.

Kurz darauf begann Rózsa Péter die primitiv rekursiven Funktionen um ihrer selbst willen zu untersuchen (Péter 1934, 1935, 1936). Sie führte den Begriff der primitiven Rekursion ein, nannte die mittels solcher Rekursion erzeugten Funktionen rekursive Funktionen, so dass die Ackermannfunktion (Ackermann 1928) in ihrem Sinne nicht rekursiv ist. Nach heutigem Verständnis ist sie rekursiv, aber nicht primitiv rekursiv. Der Begriff „primitiv rekursive Funktion" geht auf Kleene zurück (Kleene 1936).

Auf den folgenden Seiten ist nun meine Vorlesung des SS 2001 aufgeschrieben. Ihr Ziel war, die partiell rekursiven Funktionen als diejenigen arithmetischen Funktionen zu erkennen, die Turing-berechenbar sind. Dies ist ein Satz, der ganz und gar nicht auf der Hand liegt, wie sich zeigen wird. Um ihn zu beweisen, geht man einen langen Weg, wie Peter Schreiber mir prophezeite. Gehen wir!

1. Partiell rekursive Funktionen. Es bezeichne $\mathbf{N}$ die Menge der natürlichen Zahlen und $\mathbf{N}_0$ die Menge der nicht-negativen ganzen Zahlen. Ist $m \in \mathbf{N}$, so bezeichne $\mathbf{N}_0^m$ das cartesische Produkt aus m Kopien von $\mathbf{N}_0$. Die Abbildungen, die auf einem Teil von $\mathbf{N}_0^m$ definiert sind und Werte in $\mathbf{N}_0$ haben, nennen wir *arithmetische Funktionen*. Diese sind also Abbildungen *aus* $\mathbf{N}_0^m$ in $\mathbf{N}_0$. Ist die arithmetische Funktion f auf ganz $\mathbf{N}_0^m$ definiert, so nennen wir sie *voll*. Aus den arithmetischen Funktionen sondern wir die *primitiv rekursiven Funktionen* durch die folgende, lange Definition aus:

a) Die *Nullfunktion* f^0, die durch $f^0(n) := 0$ für alle $n \in \mathbf{N}_0$ definiert ist, ist primitiv rekursiv.

b) Die *Nachfolgerfunktion* s, die durch $s(n) := n+1$ für alle $n \in \mathbf{N}_0$ definiert ist, ist primitiv rekursiv.

c) Die *Projektionsfunktionen* π_m^i, die durch $\pi_m^i(n_1,\ldots,n_m) := n_i$ definiert sind, sind primitiv rekursiv.

d) Sind die k-stelligen Funktionen $f_1,\ldots,f_m$ primitiv rekursiv und ist die m-stellige Funktion g ebenfalls primitiv rekursiv, so ist auch die durch *Substitution*

$$h(n_1,\ldots,n_k) := g\big(f_1(n_1,\ldots,n_k),\ldots,f_m(n_1,\ldots,n_k)\big)$$

definierte k-stellige Funktion h primitiv rekursiv.

e) Die m-stellige Funktion g_0 und die $(m+2)$-stellige Funktion g_1 seien primitiv rekursiv. Ist dann h die durch *primitive Rekursion* aus g_0 und g_1 gewonnene $(m+1)$-stellige Funktion, dh., gilt

$$h(n_1,\ldots,n_m,0) = g_0(n_1,\ldots,n_m)$$

und

$$h(n_1,\ldots,n_m,n+1) = g\big(n_1,\ldots,n_m,n,h(n_1,\ldots,n_m,n)\big),$$

so ist h primitiv rekursiv.

Keine anderen, als die durch endlich-maliges Anwenden von c) und d) aus den *Startfunktionen* f^0, s und π_m^i entstehenden Funktionen sind primitiv rekursiv.

Man beachte, dass bei der primitiven Rekursion $m \geq 1$ ist. Davon werden wir uns aber gleich befreien.

Man beachte ferner, dass primitiv rekursive Funktionen stets voll sind.

Die unter e) beschriebene Rekursion heißt auch dann primitiv, wenn g_0 und g_1 beliebige Funktionen sind. Das Wort „primitiv" bezieht sich darauf, dass die Rekursion nur über eine Variable verläuft.

Das Wort „rekursiv" erklärt sich durch das lateinische *recursio*, was „Rücklauf" heißt und auch „das Wiederhochkommen des zuvor Getrunkenen". Letzteres findet sich in Caelius Aurelianus (1950) auf S. 302: ... *et recursio sive recursus poti liquoris*, ... An dieser Stelle wird die Diphterie beschrieben, die damals noch — im 5. Jahrhundert nach Christus — zum Tode führte.

Neben den primitiv rekursiven Funktionen benötigen wir noch die *partiell rekursiven Funktionen*. Diese werden folgendermaßen definiert.

a) Nullfunktion, Nachfolgerfunktion und alle Projektionsfunktionen sind partiell rekursiv.

b) Sind die k-stelligen Funktionen $f_1,\ldots,f_m$ und die m-stellige Funktion g partiell rekursiv, und erklärt man h durch

$$h(n_1,\ldots,n_k) := g\big(f(n_1,\ldots,n_k),\ldots f_m(n_1,\ldots n_k)\big),$$

falls alle Ausdrücke auf der rechten Seite definiert sind, bzw. als undefiniert, falls auch nur einer dieser Ausdrücke nicht definiert ist, so ist h partiell rekursiv.

c) Ist g_0 eine m-stellige und g_1 eine $(m+2)$-stellige Funktion und definiert man h durch primitive Rekursion mittels g_0 und g_1, also durch

$$h(n_1, \ldots, n_m, 0) := g_0(n_1, \ldots, n_m),$$

falls $g_0(n_1, \ldots, n_m)$ definiert ist, und

$$h(n_1, \ldots, n_m, n+1) := g_1\big(n_1, \ldots, n_m, n, h(n_1, \ldots, n_m, n)\big),$$

falls alle Ausdrücke auf der rechten Seite definiert sind, und lässt man h undefiniert in allen übrigen Fällen, so ist h partiell rekursiv.

Man beachte, dass $h(n_1, \ldots, n_m, k)$ für alle $k \leq n$ definiert sein muss, soll $h(n_1, \ldots, n_m, n+1)$ definiert sein.

Bislang haben wir die Klasse der primitiv rekursiven Funktionen noch nicht verlassen. Das geschieht erst mit der folgenden Eigenschaft.

d) Ist f eine m-stellige partiell rekursive Funktion, so ist auch die durch die folgende Vorschrift definierte Funktion Mf partiell rekursiv.

$$Mf(n_1, \ldots, n_m) := \mu_n\big(f(n_1, \ldots, n_{m-1}, n) = n_m\big).$$

Dabei ist $\mu_n\big(f(n_1, \ldots, n_{m-1}, n) = n_m\big)$ diejenige Zahl n, für die gilt, dass $f(n_1, \ldots, n_{m-1}, i)$ für alle $i \leq n$ definiert ist, dass

$$f(n_1, \ldots, n_{m-1}, i) \neq n_m$$

ist für $i < n$ und dass schließlich

$$f(n_1, \ldots, n_{m-1}, n) = n_m$$

ist. Gibt es kein solches n, so ist $Mf(n_1, \ldots, n_m)$ nicht definiert.

Die und nur die Funktionen sind partiell rekursiv, die durch endlichmalige Anwendung von b), c) und d) aus den unter a) beschriebenen Startfunktionen entstehen.

Alle primitiv rekursiven Funktionen sind partiell rekursiv.

Volle partiell rekursive Funktionen heißen *rekursiv*. Nicht jede rekursive Funktion ist primitiv rekursiv. Das Stichwort hier heißt „Ackermannfunktion". Doch darauf werden wir nicht weiter eingehen (s. Ackermann 1928 oder Péter 1935).

Weil der Operator μ so wichtig ist, sei es noch einmal mit anderen Worten gesagt, dass $\mu_n(f(n_1, \ldots, n_{m-1}, n) = n_m)$ dasjenige $n \in \mathbf{N}_0$ ist, für das gilt:

a) Es ist $f(n_1, \ldots, n_{m-1}, k)$ definiert für alle $k \leq n$.

b) Es ist n das kleinste Element aus der Menge der x, für die $f(n_1, \ldots, n_{m-1}, x) = n_m$ ist.

Ist $Mf(n_1, \ldots, n_m)$ definiert, so ist

$$f(n_1, \ldots, n_{m-1}, Mf(n_1, \ldots, n_m)) = n_m.$$

Ist insbesondere $m = 1$, so ist

$$f(Mf(n_1)) = n_1.$$

Daher schreibt man in diesem Falle f^{-1} statt Mf, auch wenn f nicht bijektiv ist. Man beachte, um es noch einmal zu sagen, dass die Definiertheit von $f^{-1}(n)$ impliziert, dass $f(k)$ für alle $k \leq n$ definiert ist.

2. Beispiele und erste Sätze. Es geht nun darum, sich einen Vorrat an primitiv und partiell rekursiven Funktionen zu verschaffen, um einmal zu sehen, dass es sich lohnt, die Theorie weiter zu verfolgen, und zum andern, um Funktionen an die Hand zu bekommen, die später als Werkzeug dienen können.

A) *Die durch* $f_m^0(n_1, \ldots, n_m) := 0$ *definierte m-stellige Funktion* f_m^0 *ist primitiv rekursiv.*

Beweis. Es ist ja

$$f^0(\pi_m^1(n_1, \ldots, n_m)) = f^0(n_1) = 0$$

und daher

$$f_m^0(n_1, \ldots, n_m) = f^0(\pi_m^1(n_1, \ldots, n_m)).$$

Weil f^0 und π_m^1 primitiv rekursiv sind, ist es also auch f_m^0.

B) *Ist* $a \in \mathbf{N}_0$ *und ist* c_m^a *die durch*

$$c_m^a(n_1, \ldots, n_m) := a$$

definierte Funktion, so ist c_m^a *primitiv rekursiv.*

Beweis. Dies gilt für $a = 0$ nach A). Die Aussage gelte für a. Wegen

$$c_m^{a+1}(n_1, \ldots, n_m) = a + 1 = s(a) = s(c_m^a(n_1, \ldots, n_m)),$$

gilt sie dann auch für c_m^{a+1}.

Nun sind wir in der Lage, uns bei der primitiven Rekursion von der Voraussetzung, dass $m \geq 1$ ist, zu befreien.

Satz 1. *Es sei $g_0 \in \mathbf{N}_0$ und g_1 sei eine 2-stellige partiell rekursive Funktion. Ist dann h die durch*

$$h(0) = g_0$$
$$h(n+1) = g_1\big(n, h(n)\big)$$

definierte Funktion, so ist h partiell rekursiv. Ist g_1 primitiv rekursiv, so ist auch h primitiv rekursiv.

Beweis. Wir definieren G_0 und G_1 durch $G_0(n_1) := g_0$ für alle $n_1 \in \mathbf{N}_0$ und

$$G_1(n_1, n_2, n_3) := g_1\big(\pi_3^2(n_1, n_2, n_3), \pi_3^3(n_1, n_2, n_3)\big).$$

Nach B) ist G_0 primitiv rekursiv. Ferner ist G_1 sicher partiell rekursiv und sogar primitiv rekursiv, wenn g_1 es ist. Wir definieren H durch die primitive Rekursion

$$H(n_1, 0) = G_0(n_1)$$
$$H(n_1, n+1) = G_1\big(n_1, n, H(n_1, n)\big)$$

Dann ist auch H partiell rekursiv, bzw. primitiv rekursiv je nachdem, ob g_1 partiell rekursiv oder primitiv rekursiv ist. Ferner gilt

$$H(n_1, 0) = g_0$$
$$H(n_1, n+1) = g_1\big(n, H(n_1, n)\big).$$

Es ist $H(n_1, 0)$ überall definiert und es gilt $H(n_1, 0) = H(n_1', 0)$ für alle n_1 und n_1'. Es gelte $H(n_1, n) = H(n_1', n)$ für alle n_1 und n_1', für die $H(n_1, n)$ definiert ist. Dann ist, falls $H(n_1, n)$ und $g_1(n, H(ni_1, n))$ definiert sind,

$$H(n_1, n+1) = g_1\big(n, H(n_1, n)\big)$$
$$= g_1\big(n, H(n_1', n)\big)$$
$$= H(n_1', n+1).$$

Setzt man nun $h(n) := H(n, n)$, so ist $h(n) = H(\pi_1^1(n), \pi_1^1(n))$, so dass h partiell rekursiv, bzw. primitiv rekursiv ist, je nachdem g_1 partiell rekursiv, bzw. primitiv rekursiv ist. Ferner gilt

$$h(0) = H(0, 0) = G_0(0) = g_0$$

und wegen $H(n+1, n) = H(n, n)$ auch

$$h(n+1) = H(n+1, n+1)$$
$$= G_1\big(n+1, n, H(n+1, n)\big)$$
$$= g_1\big(n, H(n, n)\big)$$
$$= g_1\big(n, h(n)\big)$$

für alle $n_1' \in \mathbf{N}_0$. Damit ist alles bewiesen.

Weitere Beispiele.

C) *Die durch* $f_+(m,n) := m+n$ *definierte Funktion ist primitiv rekursiv.*

Beweis. Wir setzen $g_0 := \pi_1^1$ und $g_1 := s\pi_3^3$. Dann ist

$$f_+(m,0) = m + 0 = m = g_0(m).$$

Ferner ist

$$g_1(m,n,k) = s\pi_3^3(m,n,k) = s(k) = k + 1$$

und daher

$$\begin{aligned} f_+(m,n+1) &= m + (n+1) = (m+n) + 1 \\ &= s(m+n) \\ &= s\pi_3^3(m,n,m+n) \\ &= g_1\big(m,n,f_+(m,n)\big). \end{aligned}$$

Dies zeigt, dass f_+ einer primitiven Rekursion genügt, also primitiv rekursiv ist.

D) *Die durch* $f_*(m,n) := mn$ *definierte Funktion* f_* *ist primitiv rekursiv.*

Beweis. Wir setzen $g_0 := f^0$ und

$$g_1(m,n,p) := f_+\big(\pi_3^1(m,n,p), \pi_3^3(m,n,p)\big).$$

Dann sind g_0 und g_1 primitiv rekursiv. Ferner gilt $g_1(m,n,p) = m+p$ und daher

$$f_*(m,0) = 0 = g_0(m)$$

und

$$\begin{aligned} f_*(m,n+1) &= mn + m = m + mn \\ &= g_1\big(m,n,f_*(m,n)\big). \end{aligned}$$

Also genügt f_* einer primitiven Rekursion, ist also primitiv rekursiv.

E) *Die durch* $f_p(m,0) := 1$ *und* $f_p(m,n) := m^n$ *definierte Funktion* f_p *ist primitiv rekursiv.*

Beweis. Die durch $g_0(m) := 1$ definierte Funktion ist nach B) primitiv rekursiv. Ferner ist f_* nach D) primitiv rekursiv. Daher ist auch die durch

$$g_1(m,n,p) := f_*\big(\pi_3^1(m,n,p), \pi_3^3(m,n,p)\big) = mp$$

definierte Funktion g_1 primitiv rekursiv. Wegen $f_p(m,0) = 1 = g_0(m)$ und

$$f_p(m, n+1) = m^{n+1} = mm^n$$
$$= g_1(m, n, m^n)$$
$$= g_1\big(m, n, f_p(m, n)\big)$$

ist auch f_p primitiv rekursiv.

F) *Die durch*

$$\mathrm{sgn}(n) := \begin{cases} 0 & \text{für } n = 0 \\ 1 & \text{für } n > 0 \end{cases}$$

und

$$\overline{\mathrm{sgn}}(n) := \begin{cases} 1 & \text{für } n = 0 \\ 0 & \text{für } n > 0 \end{cases}$$

definierten Funktionen sgn *und* $\overline{\mathrm{sgn}}$ *sind primitiv rekursiv.*

Beweis. Hier kommt Satz 1 zum Tragen, indem wir Rekursion mit $m = 0$ machen. Es sei $g_0 := 0$ und $g_1(m, n) := 1$ für alle $m, n \in \mathbf{N}_0$. Nach B) ist g_1 primitiv rekursiv. Ferner ist

$$\mathrm{sgn}(0) = 0 = g_0$$

und

$$\mathrm{sgn}(n+1) = 1 = g_1\big(n, \mathrm{sgn}(n)\big).$$

Also ist sgn primitiv rekursiv. Entsprechend beweist man die primitive Rekursivität von $\overline{\mathrm{sgn}}$.

G) *Wir definieren die zweistellige Funktion* $\dot{-}$ *durch*

$$m \dot{-} n := \begin{cases} m - n & \text{für } n \leq m \\ 0 & \text{für } m < n. \end{cases}$$

Dann ist $\dot{-}$ *primitiv rekursiv.*

Beweis. Wir definieren zunächst die einstellige Funktion f durch $f(n) := n \dot{-} 1$. Ferner sei $g_0 := 0$ und $g_1 := \pi_2^1$. Dann ist g_1 primitiv rekursiv. Es gilt

$$f(0) = 0 \dot{-} 1 = 0 = g_0$$

und

$$f(n+1) = (n+1) \dot{-} 1 = n = g_1\big(n, f(n)\big).$$

Nach Satz 1 ist f daher primitiv rekursiv.

Nun setzen wir $h(m, n) := m \dot{-} n$, $g_0 := \pi_1^1$ und $g_1 := f\pi_3^3$. Dann sind g_0 und g_1 primitiv rekursiv, da π_1^1, f und π_3^3 es sind. Es folgt

$$h(m, 0) = m = g_0(m)$$

und

$$h(m, n+1) = m \mathbin{\dot-} (m+1) = (m \mathbin{\dot-} n) \mathbin{\dot-} 1$$
$$= f(m \mathbin{\dot-} n)$$
$$= f\big(\pi_3^3(m, n, h(m, n))\big)$$
$$= g_1\big(m, n, h(m, n)\big)$$

Also ist auch h primitiv rekursiv.

H) *Die durch* $f(m, n) := |m - n|$ *definierte Funktion f ist primitiv rekursiv.*

Beweis. Es ist ja $|m - n| = (m \mathbin{\dot-} n) + (n \mathbin{\dot-} m)$.

Satz 2. *Wird die n-stellige Funktion f durch die Operation des Minimierens aus der n-stelligen Funktion g gewonnen, so kann f auch mittels einer $(n+1)$-stelligen Funktion h durch eine Minimierung der Form*

$$f(x_1, \ldots, x_n) := \mu_y\big(h(x_1, \ldots, x_n, y) = 0\big)$$

gewonnen werden.

Beweis. Nach Voraussetzung ist

$$f(x_1, \ldots, x_n) = \mu_y\big(g(x_1, \ldots, x_{n-1}, y) = x_n\big).$$

Definiert man h durch

$$h(x_1, \ldots, x_{n+1}) := \big|g(x_1, \ldots, x_{n-1}, x_{n+1}) - x_n\big|,$$

so ist

$$f(x_1, \ldots, x_n) = \mu_y\big(|g(x_1, \ldots, x_{n-1}, y) - x_n|$$
$$= \mu_y\big(h(x_1, \ldots, x_n, y) = 0\big).$$

Diesen fast selbstverständlichen Satz werden wir wohl nie zitieren.

I) *Die durch*

$$h(m, n) := \begin{cases} m - n & \text{für } n \le m \\ \text{undefiniert für } n > m \end{cases}$$

definierte Funktion h ist partiell rekursiv.

Beweis. Es ist ja $h(m, n) = \mu_k(n + k = m)$.

Ist $A \subseteq \mathbf{N}_0$ so heißt χ *charakteristische Funktion* von A, falls $\chi(n) = 0$ ist für $n \in A$ und falls $\chi(n) = 1$ ist für $n \notin A$. Diese Definition weicht von der sonst in der Mathematik üblichen Definition ab, ist aber für unsere Zwecke günstiger.

Die Funktion χ_p heißt *partielle charakteristische Funktion* von A, falls $\chi_p(n) = 0$ ist für $n \in A$ und falls $\chi_p(n)$ nicht definiert ist für $n \notin A$.

Ist χ die charakteristische und χ_p die partielle charakteristische Funktion von $A \subseteq \mathbf{N}_0$, so ist

$$\chi_p(n) = 0 \dot- \chi(n) = f^0(n) \dot- \chi(n),$$

so dass χ_p partiell rekursiv ist, wenn χ primitiv recursiv ist. Die Umkehrung gilt nicht.

Die Menge $A \subseteq \mathbf{N}_0$ heißt *primitiv rekursiv*, falls ihre charakteristische Funktion χ primitiv rekursiv ist, und *partiell rekursiv*, falls χ_p partiell rekursiv ist. Primitiv rekursive Teilmengen von $\mathbf{N}_0$ sind also auch stets partiell rekursiv.

Satz 3. *Ist f primitiv rekursiv und ist A eine primitiv rekursive Menge, so ist die durch das Schema*

$$f_p(x) := \begin{cases} f(x) & \text{für } x \in A \\ & \text{undefiniert für } x \notin A \end{cases}$$

definierte Funktion f_p partiell rekursiv.

Beweis. Für alle x gilt $f_p(x) = f(x) + \chi_p(x)$, falls χ_p die partielle charakteristische Funktion von A ist. Da χ_p, wie gesehen, partiell rekursiv ist und da f nach Voraussetzung primitiv rekursiv ist, ist f_p partiell rekursiv.

Satz 4. *Es sei g eine m-stellige arithmetische Funktion. Ferner gelte*

$$f(n_1, \ldots, n_m) := \sum_{i:=0}^{n_m} g(n_1, \ldots, n_{m-1}, i).$$

Ist g partiell rekursiv, so ist auch f partiell rekursiv. Ist g primitiv rekursiv, so auch f.

Beweis. Setze

$$G_0(n_1, \ldots, n_m) := g\big(\pi_{m-1}^1(n_1, \ldots, n_{m-1}), \ldots,$$
$$\pi_{m-1}^{m-1}(n_1, \ldots, n_{m-1}), c_{m-1}^0(n_1, \ldots, n_{m-1})\big),$$

wobei wieder $c_{m-1}^0(n_1, \ldots, n_{m-1}) = 0$ ist. Dann ist c_{m-1}^0 nach B) primitiv rekursiv. Es folgt, dass G_0 primitiv oder partiell rekursiv ist, je nachdem g primitiv oder partiell rekursiv ist. Ferner ist

$$g(n_1, \ldots, n_{m-1}, 0) = G_0(n_1, \ldots, n_{m-1}).$$

Setze ferner

$$G_1(n_1, \ldots, n_{m+1})$$
$$:= g\big(\pi_{m+1}^1(n_1, \ldots, n_{m+1}), \ldots, \pi_{m+1}^{m-1}(n_1, \ldots, n_{m+1})$$
$$\pi_{m+1}^m(n_1, \ldots, n_{m+1}) + c_{m+1}^1(n_1, \ldots, n_{m+1})\big)$$
$$+ \pi_{m+1}^{m+1}(n_1, \ldots, n_{m+1}).$$

Dann ist auch G_1 partiell rekursiv oder primitiv rekursiv, je nachdem g es ist. Ferner ist

$$G_1(n_1, \ldots, n_{m+1}) = g(n_1, \ldots, n_{m-1}, n_m + 1) + n_{m+1}.$$

Ist nun f_0 die aus G_0 und G_1 durch primitive Rekursion entstehende Funktion, so ist f_0 partiell bzw. primitiv rekursiv, je nachdem g partiell oder primitiv rekursiv ist. Es folgt

$$f_0(n_1, \ldots, n_{m-1}, 0) = G_0(n_1, \ldots, n_{m-1}) = g(n_1, \ldots, n_{m-1}, 0)$$

und

$$
\begin{aligned}
f_0(n_1, &\ldots, n_{m-1}, n + 1) \\
&= G_1\big(n_1, \ldots, n_{m-1}, n, f_0(n_1, \ldots, n_{m-1}, n)\big) \\
&= g(n_1, \ldots, n_{m-1}, n + 1) + f_0(n_1, \ldots, n_{m-1})
\end{aligned}
$$

Also erfüllt f_0 die gleiche Rekursion wie f, so dass $f = f_0$ ist. Also ist f partiell rekursiv bzw. primitiv rekursiv, falls g partiell rekursiv bzw. primitiv rekursiv ist.

Satz 5. *Ist g eine m-stellige primitiv rekursive Funktion und ist*

$$f(n_1, \ldots, n_{m-1}, u, v) := \begin{cases} \sum_{i:=u}^{v} g(n_1, \ldots, n_{m-1}, i) & \textit{falls } u \le v \\ 0 & \textit{falls } u > v, \end{cases}$$

so ist f primitiv rekursiv.

Beweis. Es gilt offenbar

$$
\begin{aligned}
f(n_1, &\ldots, n_{m-1}, u, v) \\
&= \sum_{i:=0}^{v} g(n_1, \ldots, n_{m-1}, i) \mathbin{\dot-} \sum_{i:=0}^{u} g(n_1, \ldots, n_{m-1}, i) \\
&\quad + g(n_1, \ldots, n_{m-1}, u)\overline{\mathrm{sgn}}(u \mathbin{\dot-} v).
\end{aligned}
$$

Da die Operationen $\dot-$ und $+$ primitiv rekursiv sind, ist f nach Satz 3 primitiv rekursiv.

Satz 6. *Sind die m-stelligen Funktionen g, u, v primitiv rekursiv, so ist die durch*

$$f(n_1, \ldots, n_m) := \sum_{i:=u(n_1,\ldots,n_m)}^{v(n_1,\ldots,n_m)} g(n_1, \ldots, n_{m-1}, i)$$

definierte Funktion f primitiv rekursiv.

Beweis. Bezeichnen wir die Funktion, die in Satz 4 mit f bezeichnet wurde mit F, so ist F primitiv rekursiv. Ferner ist

$$f(n_1, \ldots, n_m) = F(n_1, \ldots, n_{m-1}, u(n_1, \ldots, n_m), v(n_1, \ldots, v_m))$$

Wenn man nun noch bedenkt, dass $n_i = \pi_m^i(n_1, \ldots, n_m)$ ist für $i := 1$, $\ldots, m-1$, so sieht man, dass auch f primitiv rekursiv ist.

Der nächste Satz beweist sich nach dem Muster des Beweises von Satz 3.

Satz 7. *Ist g eine m-stellige primitiv rekursive Funktion, so ist auch die durch*

$$f(n_1, \ldots, n_m) := \prod_{i:=0}^{n_m} g(n_1, \ldots, n_{m-1}, i)$$

definierte m-stellige Funktion f primitiv rekursiv.

Hier ist ein erstes Ergebnis für eine Definition durch Fallunterscheidung.

Satz 8. *Es seien $f_1, \ldots, f_{s+1}, \alpha_1, \ldots, \alpha_s$ jeweils m-stellige primitiv rekursive Funktionen. Für keine Wahl der $n_1, \ldots, n_m$ werden zwei der α_i gleichzeitig gleich null. Definiert man h durch*

$$h(n_1, \ldots, n_m) := \begin{cases} f_1(n_1, \ldots, n_m), & \text{falls } \alpha_1(n_1, \ldots, n_m) = 0 \\ \cdots \\ f_s(n_1, \ldots, n_m), & \text{falls } \alpha_s(n_1, \ldots, n_m) = 0 \\ f_{s+1}(n_1, \ldots, n_m) & \text{sonst,} \end{cases}$$

so ist h primitiv rekursiv.

Beweis. Es ist — wir lassen die Argumente weg —

$$h = f_1 \overline{\text{sgn}}(\alpha_1) + \ldots + f_s \overline{\text{sgn}}(\alpha_s) + f_{s+1} \text{sgn}(\alpha_1 \cdots \alpha_s),$$

woraus mit Früherem die Behauptung folgt.

Satz 8 beinhaltet mehr, als man zunächst vermuten möchte. Man kann ja so manche Relation auf das Nullwerden von Funktionen zurückführen. Hier drei Beispiele.

Es ist $\alpha_i = \beta_i$ genau dann, wenn $|\alpha_i - \beta_i| = 0$ ist.

Es ist $\alpha_i \leq \beta_i$ genau dann, wenn $\alpha_i \mathbin{\dot-} \beta_i = 0$ ist.

Es ist $\alpha_i < \beta_i$ genau dann, wenn $\overline{\text{sgn}}(\beta_i \mathbin{\dot-} \alpha_i) = 0$ ist.

Es sei g eine $(m+1)$-stellige arithmetische Funktion. Hat die Gleichung $g(n_1, \ldots, n_m, y) = 0$ für alle $n_1, \ldots, n_m$ genau eine Lösung y, so ist y eine Funktion der $n_1, \ldots, n_m$. Enttäuschenderweise ist diese Funktion nicht notwendig primitiv rekursiv, falls g es ist. Es gilt aber der folgende Satz, der sein Geld wert ist, wie wir sehen werden.

Satz 9. *Es sei g eine $(m+1)$-stellige und α eine m-stellige primitiv rekursive Funktion. Die Gleichung*

$$g(n_1, \ldots, n_m, y) = 0$$

habe für alle n_1, ..., n_m wenigstens eine Lösung y und es gelte stets

$$\mu_y\big(g(n_1, \ldots, n_m, y) = 0\big) \le \alpha(n_1, \ldots, n_m).$$

Dann ist die durch

$$f(n_1, \ldots, n_m) := \mu_y\big(g(n_1, \ldots, n_m, y) = 0\big)$$

definierte Funktion f primitiv rekursiv.

Beweis. Setze $a := \mu_y(g(n_1, \ldots, n_m, y) = 0)$. Dann ist

$$g(n_1, \ldots, n_m, 0)g(n_1, \ldots, n_m, 1) \cdots g(n_1, \ldots, n_m, i) \ne 0$$

für $i < a$ und $= 0$ für $i \ge a$, da $y = a$ ja die kleinste Lösung der in Frage stehenden Gleichung ist. Es folgt

$$a = \sum_{i:=0}^{\alpha(n_1, \ldots, n_m)} \mathrm{sgn}\big(g(n_1, \ldots, n_m, 0) \cdots g(n_1, \ldots n_m, i)\big).$$

Definiert man h durch

$$h(n_1, \ldots, n_m, z) := \prod_{i:=0}^{z} g(n_1, \ldots, n_m, i),$$

so ist h nach Satz 6 primitiv rekursiv. Ferner gilt

$$f(n_1, \ldots, n_m) = \sum_{i:=0}^{\alpha(n_1, \ldots, n_m)} \mathrm{sgn}\big(h(n_1, \ldots, n_m, i)\big),$$

so dass auch f primitiv rekursiv ist.

3. Beispiele aus der Zahlentheorie. Wir setzen $m\,\mathrm{DIV}\,0 := m$ und $m\,\mathrm{MOD}\,0 := m$. Für $n > 0$ seien $m\,\mathrm{DIV}\,n$ und $m\,\mathrm{MOD}\,n$ Quotient und Rest bei der Division von m durch n, dh., es gelte

$$m = n(m\,\mathrm{DIV}\,n) + m\,\mathrm{MOD}\,n$$

und $0 \le m\,\mathrm{MOD}\,n < n$. Dann ist in jedem Falle

$$m\,\mathrm{MOD}\,n = m \mathbin{\dot{-}} n(m\,\mathrm{DIV}\,n),$$

so dass MOD primitiv rekursiv ist, wenn DIV es ist.

Satz 1. *Die Funktionen* DIV *und* MOD *sind primitiv rekursiv.*

Beweis. Wie schon bemerkt, genügt es zu zeigen, dass DIV primitiv rekursiv ist. Es seien $m, n \in \mathbf{N}_0$ und es gelte $n \neq 0$. Setze $q := m \operatorname{DIV} n$. Dann ist

$$qn \leq m < (q+1)n.$$

Daher ist q die Anzahl der Nullen in der Folge

$$1n \mathbin{\dot-} m, \quad 2n \mathbin{\dot-} m, \quad \ldots, \quad qn \mathbin{\dot-} n, \quad \ldots, \quad mn \mathbin{\dot-} n.$$

Daher gilt in diesem Falle

$$m \operatorname{DIV} n = \sum_{i:=1}^{m} \overline{\operatorname{sgn}}(in \mathbin{\dot-} m).$$

Dies gilt auch für $n = 0$. Mit Früherem folgt, dass DIV primitiv rekursiv ist.

Wir setzen

$$\tau_0(m,n) := \begin{cases} 1, & \text{falls } m \operatorname{MOD} n = 0 \text{ ist,} \\ 0, & \text{falls } m \operatorname{MOD} n \neq 0 \text{ ist.} \end{cases}$$

Dann ist

$$\tau_0(m,n) = \overline{\operatorname{sgn}}(m \operatorname{MOD} n),$$

so dass τ_0 primitiv rekursiv ist. Dies notieren wir als

Satz 2. *Die Funktion* τ_0 *ist primitiv rekursiv.*

Die Funktion τ, die durch

$$\tau(m) := \sum_{i:=0}^{m} \tau_0(m,i)$$

definiert wird, ist ebenfalls primitiv rekursiv. Sie ist gleich der Anzahl der Teiler von m, falls $m > 0$ ist.

Wir definieren χ_p durch

$$\chi_p(n) := \begin{cases} 0, & \text{falls } n \text{ Primzahl ist,} \\ 1, & \text{falls } n \text{ keine Primzahl ist.} \end{cases}$$

Dann ist χ_p die charakteristische Funktion der Menge der Primzahlen.

Satz 3. χ_p *ist primitiv rekursiv.*

Beweis. Die Zahl n ist genau dann Primzahl, wenn $\tau(n) = 2$ ist, da ja $\tau(0) = 1$ und $\tau(1) = 1$ ist. Daher ist

$$\chi_p(n) = \text{sgn}\big(|\tau(n) - 2|\big).$$

Folglich ist χ_p primitiv rekursiv.

Satz 3 impliziert, dass auch die Menge der Primzahlen primitiv rekursiv ist.

Die Primzahlfunktion π ist definiert als

$$\pi(n) := \sum_{i:=0}^{n} \overline{\text{sgn}}\big(\chi_p(i)\big).$$

Die Definition besagt unmittelbar, dass $\pi(n)$ die Anzahl der Primzahlen ist, die kleiner oder gleich n sind und dass π primitiv rekursiv ist.

Wir nummerieren die Primzahlen vermöge $p_0 = 2$, $p_1 = 3$, $p_2 = 5$, $p_3 = 7$, usw. Es folgt

$$\pi(p_n) = n + 1$$

und

$$\pi(m) < n + 1$$

für $m < p_n$. Also ist

$$p(n) = p_n = \mu_m\big(|\pi(m) - (n + 1)| = 0\big).$$

Es folgt, dass p partiell rekursiv ist. Da p voll ist — es gibt unendlich viele Primzahlen —, ist p rekursiv. Es gilt noch mehr. Um dieses Mehr zu beweisen, benötigen wir

Satz 4. *Die durch* $g(n) := 2^n$ *und die durch* $f(n) := 2^{2^n}$ *definierten Funktionen* g *und* f *sind primitiv rekursiv.*

Beweis. Für g folgt dies aus der Gleichung

$$g(n) = f_p\big(c_1^2(n), \pi_1^1(n)\big)$$

und damit dann für f aus der Gleichung

$$f(n) = f_p\big(c_1^2(n), g(n)\big),$$

wobei f_p wieder das Potenzieren und c_1^2 die durch $c_1^2(n) = 2$ definierte Funktion ist.

Satz 5. *Die Funktion* p *ist primitiv rekursiv.*

Beweis. Wir zeigen, dass $p_n \leq 2^{2^n}$ ist. Dies ist richtig für $n = 0$. Die Ungleichung gelte für alle $i \leq n$, Dann ist

$$p_0 p_1 \cdots p_n + 1 \leq 2^{2^0 + 2^1 + \cdots + 2^n} + 1 = 2^{2^{n+1} - 1} + 1 < 2^{2^{n+1}}.$$

Es gibt eine Primzahl p_k, die $p_0 p_1 \cdots p_n + 1$ teilt. Diese ist von allen $p_0, \ldots, p_n$ verschieden. Daher ist

$$p_{n+1} \leq p_k \leq p_0 \cdots p_n + 1 < 2^{2^{n+1}}.$$

Mit Satz 8 aus Abschnitt 2 und Satz 4 folgt nun, dass p primitiv rekursiv ist.

Die nun zu definierende Abbildung exp wird uns im nächsten Abschnitt gute Dienste leisten. Es ist $\exp(m, 0) := 0$ für alle m. Ist $n \neq 0$, so ist $\exp(m, n)$ die Zahl i mit der Eigenschaft, dass p_m^i Teiler von n ist, p_m^{i+1} aber nicht.

Satz 6. *Die Funktion* exp *ist primitiv rekursiv.*

Beweis. Wir setzen $G(m, n) := \exp(m, n + 1)$. Ist $G(m, n) = i$, so ist $i + 1$ der kleinste Wert, für den p_m^{i+1} kein Teiler von $n + 1$ ist. Es ist also

$$G(m, n) = \mu_i\big(\overline{\mathrm{sgn}}((n + 1) \bmod p_M^{i+1}) = 0\big).$$

Alle auf der rechten Seite involvierten Funktionen sind primitiv rekursiv, so dass G rekursiv ist. Da G voll ist, ist G rekursiv. Nun ist aber $G(m, n) \leq n + 1$, so dass G nach Satz 8 von Abschnitt 2 primitiv rekursiv ist. Weil

$$\exp(m, n) = G(m, n \mathbin{\dot{-}} 1)$$

ist, ist dann auch exp primitiv rekursiv.

Satz 7. *Die durch* $f(n) := \lfloor \sqrt{n} \rfloor$ *und* $g(n) := n \mathbin{\dot{-}} \lfloor \sqrt{n} \rfloor^2$ *definierten Funktionen* f *und* g *sind primitiv rekursiv.*

Beweis. Es ist

$$f(n) = \mu_t\big(\mathrm{sgn}((t + 1)^2 \mathbin{\dot{-}} n) = 1\big)$$

und $f(n) \leq n$. Mit Satz 8 von Abschnitt 2 folgt, dass f primitiv rekursiv ist. Wegen $g(n) = n \mathbin{\dot{-}} f(n)^2$ ist dann auch g primitiv rekursiv.

4. Wertverlaufsrekursion. Eine andere Art der Rekursion als die primitive Rekursion, bei der man nur $f(n)$ benutzt, um $f(n + 1)$ zu berechnen, ist die Rekursion, bei der man mehrere der $f(i)$ mit $i \leq n$ benutzt, um $f(n + 1)$ zu berechnen. Diese Art der Rekursion nennt man *Wertverlaufsrekursion*. Ein typisches Beispiel ist die Folge der Fibonaccizahlen, für die $F_0 = 1$, $F_1 = 2$ und $F_{n+2} = F_{n+1} + F_n$ gilt.

Auf R. P^ter geht der Satz zurück, den wir jetzt beweisen werden, dass die Wertverlaufsrekusion nicht aus dem Bereich der primitiv rekursiven Funktionen und auch nicht aus dem Bereich der partiell rekursiven Funktionen herausführt (Péter 1934).

Zunächst die Präzisierung des Begriffs der Wertverlaufsrekursion. Es seien $\alpha_1, \ldots, \alpha_s$ einstellige arithmetische Funktionen und es gelte $\alpha_i(n+1) \leq n$ für alle i und alle n, für die $\alpha_i(n+1)$ definiert ist. Ferner sei $\alpha_i(k)$ für alle $k \leq n$ definiert, falls nur $\alpha_i(n+1)$ definiert ist. Es sei g eine eine m-stellige, h eine $(m+1+s)$-stellige und f eine $(m+1)$-stellige Funktione, wobei $m = 0$ zugelassen ist. Dann entsteht f aus g und h und den Hilfsfunktionen $\alpha_1, \ldots, \alpha_s$ durch Wertverlaufsrekursion, wenn für alle $n_1, \ldots, n_m$ und y gilt, dass

$$f(n_1, \ldots, n_m, 0) = g(n_1, \ldots, n_m)$$

und

$$f(n_1, \ldots, n_m, y+1) = h\big(n_1, \ldots, n_m, y, f(n_1, \ldots, n_m, \alpha_1(y+1)),$$
$$\ldots, f(n_1, \ldots, n_m, \alpha_s(y+1))\big)$$

ist.

Satz über die Wertverlaufsrekursion. *Es sei g eine m-stellige und h eine $(m+1+s)$-stellige Funktion. Ferner seien $\alpha_1, \ldots, \alpha_s$ einstellige Hilfsfunktionen mit $\alpha_i(n+1) \leq n$ für alle i und alle n, für die $\alpha_i(n+1)$ definiert ist. Entsteht dann f aus g und h und den α_i durch Wertverlaufsrekursion, so entsteht f auch durch Substitution und primitive Rekursion aus den üblichen Anfangsfunktionen f^0, s, π_n^i und eben den Funktionen g, h, $\alpha_1, \ldots, \alpha_s$. Sind g, h, $\alpha_1, \ldots, \alpha_s$ primitiv rekursiv oder partiell rekursiv, so ist auch f primitiv rekursiv bzw. partiell rekursiv.*

Beweis. Setze

$$F(n_1, \ldots, n_m, y) := \prod_{i:=0}^{y} p_i^{f(n_1, \ldots, n_m, i)},$$

wobei p_i wieder die $(i+1)$-ste Primzahl sei. Mit Hilfe der Funktion exp aus dem vorigen Abschnitt erhalten wir

$$f(n_1, \ldots, n_m, k) = \exp\big(k, F(n_1, \ldots, n_m, y)\big),$$

falls nur $k \leq y$ ist. Nach Voraussetzung ist $\alpha_i(y+1) \leq y$ und daher

$$f(n_1, \ldots, n_m, \alpha_i(y+1)) = \exp\big(\alpha_i(y+1), F(n_1, \ldots, n_m, y)\big)$$

für $i := 1, \ldots, s$. Wir setzen nun

$$G(n_1, \ldots, n_m) := p_0^{g(n_1, \ldots, n_m)}$$

und

$$H(n_1, \ldots, n_m, y, z,) := z p_{y+1}^{h(n_1, \ldots, n_m, y, \exp(\alpha_1(y+1), z), \ldots, \exp(\alpha_s(y+1), z))}.$$

Dann ist

$$F(n_1, \ldots, n_m, 0) = p_0^{g(n_1, \ldots, n_m)} = G(n_1, \ldots, n_m)$$

und

$$
\begin{aligned}
&F(n_1, \ldots, n_m, y+1) \\
&= F(n_1, \ldots, n_m, y) p_{y+1}^{h(\ldots, n_m, y, \ldots, f(\ldots, n_m, \alpha_s(y+1)))} \\
&= F(n_1, \ldots, n_m, y) p_{y+1}^{h(\ldots, n_m, y, \ldots, \exp(\alpha_s(y+1), F(\ldots, n_m, y)))} \\
&= H\big(n_1, \ldots, n_m, y, F(n_1, \ldots, n_m, y)\big).
\end{aligned}
$$

Man erhält also F durch primitive Rekursion aus G und H und f dann durch Substitution aus

$$f(n_1, \ldots, n_m, y) = \exp\big(y, F(n_1, \ldots, n_m, y)\big).$$

Sind alle Ausgangsfunktionen partiell rekursiv oder primitiv rekursiv, so auch G und H und damit F und dann auch schließlich f.

Es sei darauf hingewiesen, dass wir uns für den Fall $m = 0$ auf Satz 1 von Abschnitt 2 berufen müssen.

Wir kommen noch einmal auf die Folge der Fibonaccizahlen zurück, die durch $F_0 := 1$, $F_1 := 2$ und die Rekursion $F_{n+2} = F_{n+1} + F_n$ definiert sind. Hier setzen wir $g := 1$ und

$$h(y, z_1, z_2) := f^0(y) + z_1 + z_2$$

sowie $\alpha_1(y) := y \mathbin{\dot-} 1$ und $\alpha_2(y) := y \mathbin{\dot-} 2$. Dann ist

$$F_0 = 1 = g$$

und

$$h\big(0, F_{\alpha_1(1)}, F_{\alpha_2(1)}\big) = F_0 + F_0 = 2.$$

Ferner ist

$$h(n, F_{\alpha_1(n+1)}, F_{\alpha_2(n+1)}) = F_n + F_{n-1} = F_{n+1}$$

für $n \geq 1$. Daher ist F primitiv rekursiv.

Auf den nächsten Satz werden wir im nächsten Abschnitt noch einmal zu sprechen kommen. Er ist aber für das Weitere nicht relevant. Er sei hier nur formuliert und bewiesen, um die Methode noch einmal zu benutzen, die zum Beweis des Satzes über die Verlaufsrekursion führte.

Satz 1. *Es seien h_1 und h_2 zwei dreistellige, primitiv rekursive Funktionen. Ferner seien a_1, $a_2 \in \mathbf{N}_0$. Dann sind die durch die Rekursion $f_1(0) = a_1$, $f_2(0) = a_2$ und*

$$f_1(n+1) = h_1\big(n, f_1(n), f_2(n)\big)$$
$$f_2(n+1) = h_2\big(n, f_1(n), f_2(n)\big)$$

definierten Funktionen f_1 und f_2 primitiv rekursiv.

Beweis. Wir definieren die Funktion F durch

$$F(n) := 2^{f_1(n)} 3^{f_2(n)}.$$

Dann ist

$$F(0) = 2^{a_1} 3^{a_2}.$$

Ferner ist

$$f_1(n) = \exp\big(2, F(n)\big)$$

und

$$f_2(n) = \exp\big(3, F(n)\big).$$

Setzt man nun

$$H(n, x) := 2^{h_1(n, \exp(2,x), \exp(3,x))} 3^{h_2(n, \exp(2,x), \exp(3,x))},$$

so folgt weiter

$$
\begin{aligned}
F(n+1) &= 2^{f_1(n+1)} 3^{f_2(n+1)} \\
&= 2^{h_1(n, f_1(n), f_2(n))} 3^{h_2(n, f_1(n), f_2(n))} \\
&= 2^{h_1(n, \exp(2,F(n)), \exp(3,F(n))} 3^{h_2(n, \exp(2,F(n)), \exp(3,F(n)))} \\
&= H\big(n, F(n)\big).
\end{aligned}
$$

Dies zeigt, dass F, und dann, dass auch f_1 und f_2 primitiv rekursiv sind.

5. Die cantorsche Abzählung von $\mathbf{N}_0 \times \mathbf{N}_0$. Sind (a,b), $(c,d) \in \mathbf{N}_0 \times \mathbf{N}_0$, so setzen wir $(a,b) < (c,d)$, wenn entweder $a+b < c+d$ oder wenn $a + b = c + d$ und $a < c$ ist. Dann ist $<$ eine lineare Anordnung von $\mathbf{N}_0 \times \mathbf{N}_0$, die sogar eine Wohlordnung ist. Ist nämlich X eine nicht leere Teilmenge von $\mathbf{N}_0 \times \mathbf{N}_0$, so gibt es ein Paar $(a,b) \in X$ mit $a + b \leq c + d$ für alle $(c,d) \in X$. Es gibt aber nur endlich viele $(u,v) \in X$ mit $u + v = a + b$. Darunter gibt es ein Paar mit kleinstem u. Für dieses Paar gilt dann $(u,v) \leq (c,d)$ für alle $(c,d) \in X$.

Ist $(a, b) \in \mathbb{N}_0 \times \mathbb{N}_0$ und ist $(a, b) \neq (0, 0)$, so hat (a, b) einen Vorgänger. Ist nämlich $a = 0$, so ist $b \geq 1$ und $(b - 1, 0)$ ist der Vorgänger von $(0, b)$. Ist $a > 0$, so ist $(a - 1, b + 1)$ der Vorgänger von (a, b). Jedes Paar hat auch einen Nachfolger. Es ist $(0, a + 1)$ der Nachfolger von $(a, 0)$ und $(a + 1, b - 1)$ der Nachfolger von (a, b), falls $b \neq 0$ ist.

Die Ordnungsstruktur von $\mathbb{N}_0 \times \mathbb{N}_0$ hat also die gleichen Eigenschaften, wie die Ordnungsstruktur von $\mathbb{N}_0$, so dass es einen Ordnungsisomorphismus c von $\mathbb{N}_0 \times \mathbb{N}_0$ auf $\mathbb{N}_0$ gibt. Diesen kann man explizit beschreiben.

Satz 1. *Für* $(x, y) \in \mathbb{N}_0 \times \mathbb{N}_0$ *setzen wir*

$$c(x, y) := \frac{(x + y)^2 + 3x + y}{2}.$$

Dann ist c *eine monoton steigende Bijektion von* $(\mathbb{N}_0 \times \mathbb{N}_0, \leq)$ *auf* $(\mathbb{N}_0, \leq)$.

Beweis. Es ist $c(0, 0) = 0$. Ferner ist

$$c(x, 0) = \frac{x^3 + 3x}{2}$$

und

$$c(0, x + 1) = \frac{(x + 1)^2 + x + 1}{2} = \frac{x^3 + 3x + 2}{2} = c(x, 0) + 1.$$

Ist $y > 0$, so ist

$$c(x, y) = \frac{(x + y)^2 + 3x + y}{2}$$

und

$$c(x + 1, y - 1) = \frac{(x + y)^2 + 3x + 3 + y - 1}{2} = c(x, y) + 1.$$

Hieraus folgt alles Weitere.

Man nennt $c(x, y)$ den *cantorschen Index* von $(x, y) \in \mathbb{N}_0 \times \mathbb{N}_0$. Man kann ihn etwas anders schreiben, nämlich als

$$c(x, y) = \frac{(x + y)(x + y + 1)}{2} + x.$$

Damit hat man fast die ursprüngliche cantorsche Definition. Cantor betrachtete nämlich

$$c'(x, y) := x + \frac{(x + y - 1)(x + y - 2)}{2}$$

und erhielt auf diese Weise eine Bijektion von $\mathbf{N} \times \mathbf{N}$ auf $\mathbf{N}$. Die Stelle bei Cantor — Cantor 1878, S. 257 — findet nur der Fleißige oder der Kenner, in diesem Falle der Kenner Peter Schreiber (Greifswald). Dabei ist aber klar, dass nur Fleiß zur Kennerschaft führt.

Weil c eine Bijektion ist, existiert c^{-1} und ist ebenfalls eine Bijektion. Durch c^{-1} werden zwei weitere, einstellige Funktionen definiert, die wir l und r nennen, was für „links" und „rechts" steht, nämlich die Funktionen, für die

$$c^{-1}(n) = \big(l(n), r(n)\big)$$

gilt. Wir werden die Funktionen l und r explizit angeben, doch zuvor beeilen wir uns, den folgenden Satz zu beweisen.

Satz 2. *Die Funktionen c, l und r sind primitiv rekursiv.*

Beweis. Für c folgt das unmittelbar aus der Definition.

Es ist $c^{-1}(n) = (l(n), r(n))$. Es folgt

$$l(n+1) = \begin{cases} l(n)+1, & \text{falls } r(n) \neq 0 \text{ ist,} \\ 0, & \text{falls } r(n) = 0 \text{ ist,} \end{cases}$$

und

$$r(n+1) = \begin{cases} r(n)-1, & \text{falls } r(n) \neq 0 \text{ ist,} \\ l(n)+1, & \text{falls } r(n) = 0 \text{ ist.} \end{cases}$$

Dann ist also

$$l(n+1) = \big(l(n)+1\big)\mathrm{sgn}\big(r(n)\big)$$

und

$$r(n+1) = \big(l(n)+1\big)\overline{\mathrm{sgn}}\big(r(n)\big) + r(n) \mathbin{\dot{-}} 1.$$

Setzt man nun

$$f_1(n, x, y) := (x+1)\mathrm{sgn}(y)$$

und

$$f_2(n, x, y) := (x+1)\overline{\mathrm{sgn}}(y) + y \mathbin{\dot{-}} 1,$$

so sind f_1 und f_2 primitiv rekursiv und es gilt

$$l(n+1) = f_1\big(n, l(n), r(n)\big)$$

und

$$r(n+1) = f_2\big(n, l(n), r(n)\big).$$

Zusammen mit $l(0) = 0$ und $r(0) = 0$ ergibt das nach Satz 1 von Abschnitt 4, dass l und r primitiv rekursiv sind.

Die explizite Beschreibung der Funktionen l und r wird noch ein zweites Mal zeigen, dass l und r primitiv rekursiv sind, so dass wir den Satz 1 vom letzten Abschnitt nicht wirklich benötigten.

Satz 3. *Es ist*

$$x + y + 1 = \left\lfloor \frac{\lfloor \sqrt{8c(x,y) + 1} \rfloor + 1}{2} \right\rfloor.$$

Beweis. Setze $n := c(x, y)$. Auf Grund der Definition von c gilt dann

$$2n = (x + y)^2 + 3x + y.$$

Hieraus folgt

$$8n + 1 = (2x + 2y + 1)^2 + 8x$$

und weiter

$$2x + 2y + 1 \leq \sqrt{8n + 1}.$$

Andererseits ist auch

$$8n + 1 = (2x + 2y + 3)^2 - 8y - 8$$

und daher

$$\sqrt{8n + 1} < 2x + 2y + 3.$$

Es folgt

$$2x + 2y + 2 \leq \lfloor \sqrt{8n + 1} \rfloor + 1 < 2x + 2y + 4$$

und damit

$$x + y + 1 \leq \frac{\lfloor \sqrt{8n + 1} \rfloor + 1}{2} < x + y + 2.$$

Dies ist die Behauptung.

Satz 4. *Es ist*

$$l(n) = n \,\dot{-}\, \frac{1}{2} \left\lfloor \frac{\lfloor \sqrt{8n + 1} \rfloor + 1}{2} \right\rfloor \left\lfloor \frac{\lfloor \sqrt{8n + 1} \rfloor \,\dot{-}\, 1}{2} \right\rfloor$$

und

$$r(n) = \left\lfloor \frac{\lfloor \sqrt{8n + 1} \rfloor + 1}{2} \right\rfloor \dot{-}\, l(n) \,\dot{-}\, 1.$$

Beweis. Setze $x := l(n)$ und $y := r(n)$. Dann ist

$$n = c(x, y) = \tfrac{1}{2}(x + y)(x_y + 1) + x.$$

Hieraus folgt

$$l(n) = x = n \,\dot{-}\, \tfrac{1}{2}(x + y)(x + y - 1).$$

Mit Satz 2 folgt

$$x + y = \left\lfloor \frac{\lfloor \sqrt{8n+1} \rfloor + 1}{2} \right\rfloor \dot{-} 1 = \left\lfloor \frac{\lfloor \sqrt{8n+1} \rfloor \dot{-} 1}{2} \right\rfloor.$$

Hieraus folgt die Behauptung über $l(n)$. Nach Satz 2 ist

$$l(n) + r(n) + 1 = \left\lfloor \frac{\lfloor \sqrt{8n+1} \rfloor + 1}{2} \right\rfloor,$$

so dass auch die Aussage über $r(n)$ richtig ist.

Die explizite Beschreibung der Funktionen c, l und r ergibt erneut, wie schon erwähnt, dass diese Funktionen primitiv rekursiv sind.

Wir setzen $c^2 := c$ und

$$c^{n+1}(x_1, \ldots, x_{n+1}) := c^n\big(c(x_1, x_2), x_3, \ldots, x_{n+1}\big).$$

Dann ist c^n eine Bijektion von $\mathbf{N}_0^n$ auf $\mathbf{N}_0$. Man nennt $c^n(x_1, \ldots, x_n)$ den *cantorschen Index* des n-Tupels $(x_1, \ldots, x_n)$.

Satz 5. *Es ist*

$$c^{n+1}(x_1, \ldots, x_{n+1}) = c\big(c^n(x_1, \ldots, x_n), x_{n+1}\big)$$

für alle $x_1, \ldots, x_{n+1} \in \mathbf{N}_0$.

Beweis. Dies ist richtig für $n = 2$. Es gelte für n. Dann folgt

$$\begin{aligned}
c^{n+2}(x_1, \ldots, x_{n+2}) &= c^{n+1}\big(c(x_1, x_2), x_3, \ldots, x_{n+2}\big) \\
&= c\big(c^n(c(x_1, x_2), x_3, \ldots, x_{n+1}), x_{n+2}\big) \\
&= c\big(c^{n+1}(x_1, \ldots, x_{n+1}), x_{n+2}\big)
\end{aligned}$$

Damit ist alles bewiesen.

Satz 6. *Ist* $a = c^n(x_1, \ldots, x_n)$, *so ist*

$$x_k = rl^{n-k}(a)$$

für $k = 2, \ldots, n$. *Ferner ist* $x_1 = l^{n-1}(a)$.

Beweis. Nach Satz 5 ist

$$a = c\big(c^{n-1}(x_1, \ldots, x_{n-1}), x_n\big).$$

Daher ist $x_n = r(a) = rl^{n-n}(a)$. Ferner ist

$$l(a) = c^{n-1}(x_1, \ldots, x_{n-1}).$$

Hieraus folgt mit Induktion die Behauptung.

6. Die Gödelfunktion. Die folgende Funktion γ und Satz 1 findet sich in Gödel 1931, S. 192/93.

Satz 1. *Setze* $\gamma(x, y, z) := x \operatorname{MOD}(1 + (y + 1)z)$. *Sind dann* $a_0, \ldots,$ $a_n \in \mathbf{N}_0$, *so gibt es* $v, w \in \mathbf{N}_0$ *mit*

$$\gamma(v, 0, w) = a_0$$
$$\gamma(v, 1, w) = a_1$$
$$\vdots$$
$$\gamma(v, n, w) = a_n.$$

Beweis. Setze

$$w := (1 + n + a_0 + \ldots + a_n)!$$

und

$$m_y := 1 + (y + 1)w$$

für $y := 0, \ldots, n$. Ist $0 \le z < y \le n$, so folgt

$$m_y - m_z = (y - z)w.$$

Ist p eine Primzahl, die $y - z$ teilt, so ist sie $\le n$ und folglich Teiler von w. Ist nun p ein gemeinsamer Primteiler von m_y und m_z, so teilt p auch $y - z$ oder w. Da jeder Primteiler von $y - z$ aber auch w teilt, wie wir gerade gesehen haben, ist p in jedem Falle Teiler von w. Dann teilt p aber auch $m_y - (y+1)w = 1$. Dies zeigt, dass m_y und m_z keinen gemeinsamen Primteiler haben, also teilerfremd sind. Auf Grund des chinesischen Restsatzes gibt es also ein $v \in \mathbf{N}_0$ mit

$$v \equiv a_y \bmod (1 + (y + 1)w)$$

für $y := 0, \ldots, n$. Also ist

$$\gamma(v, y, w) = v \operatorname{MOD}(1 + (y + 1)w) = a_y \operatorname{MOD}(1 + (y + 1)w).$$

Nun ist aber $a_y < 1 + (y + 1)w$ und folglich $\gamma(v, y, w) = a_y$ für $y := 0,$ $\ldots, n$.

Die Funktion γ heißt zu Recht *Gödelfunktion*. Wir folgen hier aber Malçev, der in seinem Buch die durch

$$\Gamma(x, y) := \gamma\big(l(x), y, r(x)\big)$$

definierte Funktion Γ *Gödelfunktion* nennt. Dabei sind l und r wieder die beiden Funktionen, die die Inverse der cantorschen Indexfunktion beschreiben.

Satz 2. *Sind $a_0, \ldots, a_n \in \mathbb{N}_0$, so gibt es ein $x \in \mathbb{N}_0$ mit $\Gamma(x, y) = a_y$ für $y := 0, \ldots, n$.*

Beweis. Nach Satz 1 gibt es v, $w \in \mathbb{N}_0$ mit $\gamma(v, y, w) = a_y$ für alle y. Setze $x := c(v, w)$. Dann ist $l(x) = v$ und $r(x) = w$, so dass $\Gamma(x, y) = a_y$ ist für $y := 0, \ldots, n$.

Die beiden gödelschen Funktionen γ und Γ sind primitiv rekursiv, da alle Funktionen, aus denen sie entstehen, primitiv rekursiv sind. Dies sei hier noch als Satz festgehalten.

Satz 3. *Die gödelschen Funktionen γ und Γ sind primitiv rekursiv.*

Typische Anwendungen der gödelschen Funktion Γ finden sich in den Beweisen der Sätze 2 und 3 aus Abschnitt 10.

7. Rekursive und rekursiv aufzählbare Teilmengen.

Wir greifen hier ein Thema wieder auf, welches wir in Abschnitt 2 schon einmal angesprochen haben. Die Menge $A \subseteq \mathbb{N}_0$ heißt *rekursiv* bzw. *primitiv rekursiv*, wenn ihre charakteristische Funktion rekursiv bzw. primitiv rekursiv ist. Dabei sei daran erinnert, dass in unserem Rahmen die Rollen von 0 und 1 gegenüber ihrem sonstigen Gebrauch bei der Definition der charakteristischen Funktionen vertauscht sind.

Die charakteristischen Funktionen von $\emptyset$ und $\mathbb{N}_0$ sind die einstelligen Funktionen, die konstant gleich 1 bzw. 0 sind. Diese Funktionen und damit die Mengen $\emptyset$ und $\mathbb{N}_0$ sind primitiv rekursiv. Ist $\{a_1, \ldots, a_n\}$ eine endliche Teilmenge von $\mathbb{N}_0$, so ist die durch

$$\chi(x) := \mathrm{sgn}\big(|x - a_1| \cdots |x - a_|\big)$$

definierte Funktion χ ihre charakteristische Funktion. Folglich ist die Menge $\{a_1, \ldots, a_n\}$ primitiv rekursiv. Die Menge der Primzahlen ist ebenfalls primitiv rekursiv, wie wir in Abschnitt 3 gesehen haben.

Satz 1. *Das Komplement einer rekursiven bzw. primitiv rekursiven Teilmenge von $\mathbb{N}_0$ ist rekursiv bzw. primitiv rekursiv. Vereinigung und Schnitt von endlich vielen rekursiven bzw. primitiv rekursiven Mengen sind ebenfalls rekursiv bzw. primitiv rekursiv.*

Beweis. Es seien $f_1, \ldots, f_n$ die charakteristischen Funktionen der Mengen $A_1, \ldots, A_n$. Dann sind die durch

$$f(x) := \overline{\mathrm{sgn}}\big(f_1(x)\big)$$
$$g(x) := f_1(x) \cdots f_n(x)$$
$$h(x) := \mathrm{sgn}\big(f_1(x) + \ldots + f_n(x)\big)$$

definierten Funktionen f, g, h die charakteristischen Funktionen von $\mathbf{N}_0 - A_1$ sowie $\bigcup_{i:=1}^{n} A_i$ und $\bigcap_{i:=1}^{n} A_i$. Hieraus folgt die Behauptung.

Satz 2. *Ist f eine rekursive bzw. primitiv rekursive Funktion und ist*

$$A := \{x \mid f(x) = 0\},$$

so ist A rekursiv bzw. primitiv rekursiv.

Beweis. Definiere g durch $g(x) := \mathrm{sgn}(f(x))$. Dann ist g die charakteristische Funktion von A, usw.

Satz 3. *Ist f rekursiv bzw. primitiv rekursiv und gilt $f(y) \geq y$ für alle $y \in \mathbf{N}_0$, so ist die Menge $A := \{f(x) \mid x \in \mathbf{N}_0\}$ rekursiv bzw. primitiv rekursiv.*

Beweis. Setze

$$g(x) := \prod_{y:=0}^{x} \mathrm{sgn}|f(y) - x|.$$

Ist $x \in A$, so gibt es ein y mit $f(y) = x$ Wegen $y \leq f(y)$ ist $y \leq x$ und folglich $g(x) = 0$. Ist $x \notin A$, so folgt $f(y) - x \neq 0$ für alle y und damit erst recht für alle $y \leq x$. Es folgt $g(x) = 1$. Also ist g die charakteristische Funktion von A. Hieraus folgt die Behauptung.

Im Allgemeinen ist die Menge der Bilder einer rekursiven bzw. primitiv rekursiven Funktion nicht rekursiv bzw. primitiv rekursiv. Dennoch ist sie nicht völlig beliebig. Wir definieren: Eine Teilmenge A von $\mathbf{N}_0$ heißt *rekursiv aufzählbar*, wenn es eine zweistellige primitiv rekursive Funktion f gibt, so dass es zu $a \in \mathbf{N}_0$ genau dann ein $x \in \mathbf{N}_0$ gibt mit $f(a, x) = 0$, wenn $a \in A$ gilt.

Diese Definition ist nicht suggestiv, hat sich aber offenbar als zweckmäßig erwiesen. Emil L. Post definierte die rekursive Aufzählbarkeit anschaulicher mittels der in Satz 6 gegebenen Charakterisierung dieser Mengen (Post 1944). Ob der Begriff der rekursiven Aufzählbarkeit auf ihn zurückgeht, weiß ich nicht.

Satz 4. *Ist die Menge A primitiv rekursiv, so ist A rekursiv aufzählbar.*

Beweis. Es sei g die charakteristische Funktion von A. Definiere f durch

$$f(a, x) := g(a) + x.$$

Dann ist f primitiv rekursiv. Nun ist $f(a, x) = 0$ genau dann nach x lösbar, wenn $g(a) = 0$, dh., wenn $a \in A$ ist.

Satz 5. *Es sei F eine primitiv rekursive Funktion in $n + 1 \geq 2$ Variablen. Dann ist die Menge A der a, für die es $x_1, \ldots, x_n$ gibt mit*

$$F(a, x_1, \ldots, x_n) = 0$$

rekursiv aufzählbar.

Beweis. Es sei $c = c^n$ die cantorsche Abzählung von $\mathbf{N}_0^n$ des fünften Abschnitts und l und r haben ebenfalls die dortigen Bedeutungen. Wir definieren f durch

$$f(a, x) := F\big(a, l^{n-1}(x), rl^{n-2}(x), \ldots, r(x)\big).$$

Dann ist f primitiv rekursiv. Ferner ist

$$f\big(a, c(x_1, \ldots, x_n)\big) = F(a, x_1, \ldots, x_n).$$

Ist nun $f(a, x) = 0$, so gibt es $x_1, \ldots, x_n$ mit $x = c(x_1, \ldots, x_n)$. Es folgt $F(a, x_1, \ldots, x_n) = 0$, so dass $a \in A$ ist. Ist umgekehrt $a \in A$, so gibt es $x_1, \ldots, x_n$ mit $F(a, x_1, \ldots, x_n) = 0$. Es folgt $f(a, c(x_1, \ldots, x_n)) = 0$. Also ist genau dann $a \in A$, wenn es ein x gibt mit $f(a, x) = 0$. Somit ist A rekursiv aufzählbar.

Satz 6. *Es sei $\emptyset \neq A \subseteq \mathbf{N}_0$. Genau dann ist A rekursiv aufzählbar, wenn es eine primitiv rekursive Funktion f gibt mit*

$$A = \big\{ f(x) \,\big|\, x \in \mathbf{N}_0 \big\}.$$

Beweis. Es sei f primitiv rekursiv und $A = \{ f(x) \mid x \in \mathbf{N}_0 \}$. Definiere F durch
$$F(a, x) := \big| f(x) - a \big|.$$

Dann ist F primitiv rekursiv und es gibt genau dann ein $x \in \mathbf{N}_0$ mit $F(a, x) = 0$, wenn $a \in A$ ist. Folglich ist A rekursiv aufzählbar.

Es sei umgekehrt A rekursiv aufzählbar. Es gibt dann eine primitiv rekursive Funktion F, so dass $F(a, x) = 0$ genau dann eine Lösung x hat, wenn $a \in A$ ist. Es sei $b \in A$. Ein solches b gibt es, da A als nicht leer vorausgesetzt ist. Man definiere f durch

$$f(t) := l(t)\overline{\mathrm{sgn}}\big(F(l(t), r(t))\big) + b\,\mathrm{sgn}\big(F(l(t), r(t))\big).$$

Dann ist f primitiv rekursiv. Wir zeigen, dass $A = \{ f(t) \mid t \in \mathbf{N}_0 \}$ ist.

Es sei $t \in \mathbf{N}_0$. Ist $F(l(t), r(t)) \neq 0$, so ist $\overline{\mathrm{sgn}}(F(l(t), r(t))) = 0$ und $\mathrm{sgn}(F(l(t), r(t))) = 1$. Folglich ist $f(t) = b \in A$. Ist $F(l(t), r(t)) = 0$, so ist $l(t) \in A$ und es folgt $f(t) = l(t) \in A$. Also gilt

$$\big\{ f(t) \,\big|\, t \in \mathbf{N}_0 \big\} \subseteq A.$$

Es sei umgekehrt $a \in A$. Es gibt dann ein x mit $F(a, x) = 0$. Setze $t := c(a, x)$. Dann ist $l(t) = a$ und $r(t) = x$. Daher ist $f(t) = l(t) = a$. Folglich ist A die Bildmenge von f.

Satz 7. *Ist F eine n-stellige primitiv rekursive Funktion, so ist die Menge $A := \{F(x_1,\ldots,x_n) \mid x_1,\ldots,x_n \in \mathbb{N}_0\}$ rekursiv aufzählbar.*

Beweis. Definiere f durch

$$f(x) := F\big(l^{n-1}(x), rl^{n-2}(x), \ldots, r(x)\big).$$

Dann ist f primitiv rekursiv und es gilt

$$f\big(c^n(x_1,\ldots,x_n)\big) = F(x_1,\ldots,x_n).$$

Also ist

$$A = \big\{f(x) \mid x \in \mathbb{N}_0\big\},$$

so dass A nach Satz 6 rekursiv aufzählbar ist.

Satz 8. *Vereinigung und Schnitt einer endlichen Anzahl rekursiv aufzählbarer Mengen sind rekursiv aufzählbar.*

Beweis. Es seien A_1, ..., A_n rekursiv aufzählbare Mengen. Es gibt dann zweistellige, primitiv rekursive Funktionen f_1, ..., f_n, so dass $f_i(a,x) = 0$ genau dann eine Lösung x hat, wenn $a \in A_i$ ist. Dann gilt:

1) Es gibt genau dann ein n-Tupel x_1, ..., x_n mit

$$f_1(a,x_1) \cdots f_n(a,x_n) = 0,$$

wenn $a \in \bigcup_{i:=1}^n A_i$ ist.

2) Es gibt genau dann ein n-Tupel x_1, ..., x_n mit

$$f_1(a,x_1) + \ldots + f_n(a,x_n) = 0,$$

wenn $a \in \bigcap_{i:=1}^n A_i$ ist

Hieraus folgen mit Satz 7 die Behauptungen.

Wenn A rekursiv aufzählbar ist, ist es $\mathbb{N}_0 - A$ im allgemeinen nicht. Darauf deutet schon der nächste Satz hin, der von E. L. Post stammt (Post 1944, S. 290).

Satz 9. *Sind A und $A' := \mathbb{N}_0 - A$ rekursiv aufzählbar, so sind A und A' rekursiv.*

Beweis. Es gibt primitiv rekursive Funktionen f und g, so dass A aus genau den a besteht, für die es ein x gibt mit $f(a,x) = 0$, und dass A' aus genau den a besteht, für die es ein x gibt mit $g(a,x) = 0$. Folglich wird durch

$$h(a) := \mu_x\big(f(a,x)g(a,x) = 0\big)$$

eine überall definierte und folglich rekursive Funktion definiert. Definiere F durch

$$F(a) := \operatorname{sgn}\big(f(a,h(a))\big).$$

Dann ist auch F rekursiv. Ist nun $F(a) = 0$, so ist $f(a, h(a)) = 0$ und folglich $a \in A$. Ist umgekehrt $a \in A$, so ist $a \notin A'$ und folglich $g(a, x) \neq 0$ für alle x. Folglich ist

$$h(a) = \mu_x\big(f(a, x) = 0\big)$$

und damit $f(a, h(a)) = 0$. Also ist $F(a) = 0$. Es ist somit F die charakteristische Funktion von A, so dass A rekursiv ist. Wegen $A'' = A$, kann man in diesem Argument A durch A' ersetzen, um zu erhalten, dass auch A' rekursiv ist.

8. Rekursive und rekursiv aufzählbare Teilmengen von $\mathbf{N}_0^n$.

Den cantorschen Index von $\mathbf{N}_0^n$ bezeichnen wir hier einfach mit c und erschließen seine Stelligkeit aus dem zusammenhang. Die mit c zusammenhängenden Funktionen l^{n-1}, rl^{n-2}, $\ldots$, rl^1, r bezeichnen wir mit c_{n1}, c_{n2}, $\ldots$, c_{nn}. Dann ist also

$$c_{ni}c(x_1, \ldots, x_n) = x_i$$

und

$$c\big(c_{n1}(x), \ldots c_{nn}(x)\big) = x.$$

Die Funktionen c, c_{n1}, $\ldots$, c_{nn} sind primitiv rekursiv, wie wir früher gesehen haben.

Ist $A \subseteq \mathbf{N}_0^n$, so heißt A *primitiv rekursiv*, *rekursiv* oder *rekursiv aufzählbar*, je nachdem $c(A)$ primitiv rekursiv, rekursiv oder rekursiv aufzählbar ist.

Weil c bijektiv ist, gilt auf Grund von Satz 1 von Abschnitt 7 der folgende Satz.

Satz 1. *Sind A, A_1, $\ldots$, $A_m \subseteq \mathbf{N}_0^n$, so gilt:*

a) Ist A primitiv rekursiv oder rekursiv, so ist auch das Komplement von A primitiv rekursiv oder rekursiv.

b) Sind A_1, $\ldots$, A_m primitiv rekursiv, rekursiv oder rekursiv aufzählbar, so sind auch $\bigcap_{i:=1}^{m} A_i$ und $b\bigcup_{i:=1}^{m} A_i$ primitiv rekursiv, rekursiv oder rekursiv aufzählbar.

Satz 2. *a) Ist f eine n-stellige rekursive oder primitiv rekursive Funktion, so ist die Menge der n-Tupel $(x_1, \ldots, x_n)$ mit $f(x_1, \ldots, x_n) = 0$ rekursiv bzw. primitiv rekursiv.*

b) Ist f eine primitiv rekursive $(n+m)$-stellige Funktion, so ist die Menge der n-Tupel $(a_1, \ldots, a_n)$, für die es ein m-Tupel $(x_1, \ldots, x_m)$ mit

$$f(a_1, \ldots, a_n, x_1, \ldots, x_m) = 0$$

gibt, rekursiv aufzählbar.

Beweis. a) zu beweisen, sei dem Leser als Übungsaufgabe überlassen.

b) Wir definieren F durch

$$F(a, y) := f\big(c_{n1}(a), \ldots, c_{nn}(a), c_{m1}(y), \ldots, c_{mm}(y)\big).$$

Dann ist F primitiv rekursiv. Ist $F(a, y) = 0$, so ist

$$\big(c_{n1}(a), \ldots, c_{nn}(a)\big) \in A$$

und folglich $a \in c(A)$. Es sei umgekehrt $a \in c(A)$. es gibt dann ein n-Tupel $(a_1, \ldots, a_n) \in A$ mit $a = c(a_{n1}, \ldots, a_{nn})$. Es gibt dann ein m-Tupel $(y_1, \ldots, y_m)$ mit

$$f(a_1, \ldots, a_n, y_1, \ldots, y_m) = 0.$$

Setzt man $y := c(y_1, \ldots, y_m)$, so ist $F(a, y) = 0$. Folglich ist $c(A)$ die Menge aller a für die es ein y gibt mit $F(a, y) = 0$. Somit ist $c(A)$ und damit A rekursiv aufzählbar.

Der nächste Satz besagt in Verallgemeinerung des Satzes 6 vom letzten Abschnitt, dass die rekursiv aufzählbaren Mengen genau die Mengen sind, die sich mittels primitiv rekursiver Funktionen parametrisieren lassen.

Satz 3. *Es sei $\emptyset \neq A \subseteq \mathbf{N}_0^n$. Genau dann ist A rekursiv aufzählbar, wenn es primitiv rekursive Funktionen $f_1, \ldots, f_n$ gibt mit*

$$A = \big\{(f_1(x), \ldots, f_n(x)) \mid x \in \mathbf{N}_0\big\}.$$

Beweis. Die Funktionen $f_1, \ldots, f_n$ seien primitiv rekursiv und es gelte

$$A = \big\{(f_1(x), \ldots, f_n(x)) \mid x \in \mathbf{N}_0\big\}.$$

Setze

$$F(x) := c\big(f_1(x), \ldots, f_n(x)\big).$$

Dann ist F primitiv rekursiv. Ferner gilt $c(A) = \{F(x) \mid x \in \mathbf{N}_0\}$, so dass $c(A)$ und damit A nach Satz 6 von Abschnitt 7 rekursiv aufzählbar ist.

Ist A rekursiv aufzählbar, so ist $c(A)$ rekursiv aufzählbar. Nach Satz 6 von Abschnitt 7 gibt es eine primitiv rekursive Funktion F mit

$$c(A) = \big\{F(x) \mid x \in \mathbf{N}_0\big\}.$$

Setzt man dann $f_i(x) := c_{ni}(F(x))$. Dann ist f_i für alle i primitiv rekursiv und es gilt

$$A = \big\{(f_1(x), \ldots, f_n(x)) \mid x \in \mathbf{N}_0\big\}.$$

Damit ist alles gezeigt.

Ist f eine n-stellige Funktion, so heißt die Menge der $(n+1)$-Tupel

$$(x_1, \ldots, x_n, f(x_1, \ldots, x_n))$$

Graph von f.

Satz 4. *Ist f primitiv rekursiv oder rekursiv, so ist der Graph von f primitiv rekursiv oder rekursiv.*

Beweis. Dies folgt daraus, dass die durch

$$g(x_1, \ldots, x_{n+1}) := \mathrm{sgn}\big(|x_{n+1} - f(x_1, \ldots, x_n)|\big)$$

definierte Funktion g die charakteristische Funktion dieses Graphen ist.

Korollar. *Ist f primitiv rekursiv, so ist der Graph von f rekursiv aufzählbar.*

Beweis. Es sei G der Graph von f. Dann ist G nach Satz 4 primitiv rekursiv. Dann ist aber auch $c(G)$ primitiv rekursiv. Nach Satz 4 von Abschnitt 7 ist $c(G)$ rekursiv aufzahlbar. Also ist auch G rekursiv aufzählbar.

Der nächste Satz spielt eine entscheidende Rolle beim Beweise des Satzes, dass die Turing-berechenbaren Funktionen genau die partiell rekursiven Funktionen sind. Die Umkehrung des Satzes ist auch richtig, ist aber schwieriger zu beweisen, so dass wir erst noch in besseres Werkzeug investieren müssen, bevor wir sie beweisen können. Das geschieht im nächsten Abschnitt.

Satz 5. *Ist der Graph von f rekursiv aufzählbar, so ist f partiell rekursiv.*

Beweis. Es sei G der Graph von f. Nach Satz 3 gibt es dann primitiv rekursive Funktionen $g_1, \ldots, g_{n+1}$ mit

$$G = \big\{(g_1(t), \ldots, g_{n+1}(t)) \mid t \in \mathbf{N}_0\big\}.$$

Die Gleichung

$$|x_1 - g_1(t)| + \ldots + |x_n - g_n(t)| = 0$$

hat genau dann eine Lösung t, wenn $f(x_1, \ldots, x_n)$ definiert ist. Für eine solche Lösung gilt dann

$$f\big(g_1(t), \ldots, g_n(t)\big) = g_{n+1}(t).$$

Es folgt

$$f(x_1,\ldots,x_n) = g_{n+1}\big(\mu_t(|x_1 - g_1(t)| + \ldots + |x_n - g_n(t)| = 0\big).$$

Somit ist f partiell rekursiv.

9. Sparsame Erzeugung der partiell rekursiven Funktionen.
Die primitiv rekursiven und die partiell rekursiven Funktionen erhielten wir aus den Anfangsfunktionen f^0, s, π_n^i durch die Operationen der Substitution, der primitiven Rekursion und der Minimierung. Nimmt man zu diesen Funktionen noch die Funktion c des cantorschen Indexes und die die Funktion c^{-1} beschreibenden Funktionen l und r hinzu, so gilt der folgende Satz.

Satz 1. *Wird die $(n+1)$-stellige Funktion f aus den Funktionen g und h durch die primitive Rekursion*

$$f(x_1,\ldots,x_n,0) = g(x_1,\ldots,x_n)$$
$$f(x_1,\ldots,x_n,y+1) = h\big(x_1,\ldots,x_n,y,f(x_1,\ldots,x_n,y)\big)$$

gewonnen, so kann f aus den Funktionen g, h, f^0, π_m^i, c, l, r durch eine Rekursion der Gestalt

$$\varphi(x,0) = x,$$
$$\varphi(x,y+1) = \Phi\big(\varphi(x,y)\big)$$

und Substitution gewonnen werden.

Beweis. Die Funktionen c^{n+1}, c_{n1}, $\ldots$, c_{nn} entstehen aus den Funktionen c, r, l durch Substitution. Mit ihrer Hilfe definieren wir die Funktion ψ durch

$$\psi(t,y) = c^{n+2}\big(c_{n1}(t),\ldots,c_{n,n}(t),y,f(c_{n1}(t),\ldots,c_{nn}(t),y)\big).$$

Dann ist

$$f(x_1,\ldots,x_n,y) = c_{n+2,n+2}\big(\psi\big(c^n(x_1,\ldots,x_n),y\big).$$

Ferner ist

$$\psi(t,0) = c^{n+2}\big(c_{n1}(t),\ldots,c_{nn}(t),0,f(c_{n1}(t),\ldots,c_{nn},0)\big)$$
$$= c^{n+2}\big(c_{n1}(t),\ldots,c_{nn}(t),0,g(c_{n1}(t),\ldots,c_{nn})\big)$$

und

$$\psi(t,y+1) = c^{n+2}\big(c_{n1}(t),\ldots,c_{nn}(t),y+1,$$
$$h(c_{n1}(t),\ldots,c_{nn},y,c_{n+2,n+2}(\psi(t,y)))\big).$$

Die Definition von ψ liefert

$$c_{ni}(t) = c_{n+2,i}\big(\psi(t,y)\big)$$
$$y = c_{n+2,n+1}\big(\psi(t,y)\big).$$

Setzt man nun

$$\Phi(z) := c^{n+2}\big(c_{n+2,1}(z)\ldots, c_{n+2,n}(z), c_{n+2,n+1}(z) + 1,$$
$$h(c_{n+2,1}(z), \ldots, c_{n+2,n+1}(z))\big),$$

so folgt mit den bereits etablierten Gleichungen für ψ

$$\psi(t,y+1) = c^{n+2}\big(c_{n1}(t), \ldots, c_{nn}(t), y+1,$$
$$h(c_{n1}(t), \ldots c_{nn}(t), y, c_{n+2,n+2}(\psi(t,y))))$$
$$= c^{n+2}\big(c_{n+2,1}(\psi(t,y)), \ldots, c_{n+2,2}(\psi(t,y)), c_{n+2,n+1}(\psi(t,y)) + 1,$$
$$h(c_{n+2,1}(\psi(t,y)), \ldots, c_{n+2,n+1}(\psi(t,y)), c_{n+2,n+2}(\psi(t,y))))$$
$$= \Phi\big(\psi(t,y)\big).$$

Die Funktion f wird also aus den Funktionen g, h, l, r, c, f^0, s, π_m^i Durch Substitution und eine Rekursion der Form

$$\psi(x,0) = G(x)$$
$$\psi(x,y+1) = \Phi(\psi(x,y))$$

gewonnen, da ja

$$f(x_1, \ldots, x_n, y) = c_{n+2,n+2}\big(\psi(c^n(x_1, \ldots, x_n), y)\big)$$

ist und G und Φ mittels g und h konstruiert wurden.

Wir führen nun die Funktion φ ein durch die Rekursion

$$\varphi(x,0) = x$$
$$\varphi(x,y+1) = \Phi\big(\varphi(x,y)\big).$$

Dann hat φ die verlangte Gestalt. Ferner ist $\varphi(G(x),y) = \psi(x,y)$. Dies ist richtig für $y = 0$ Die Gleichung gelte für y. Dann ist

$$\varphi(G(x),y+1) = \Phi\big(\varphi(G(x),y)\big) = \Phi\big(\psi(x,y)\big) = \psi(x,y+1).$$

Damit ist alles bewiesen.

Was Satz 1 für die Rekursion schafft, schafft Satz 2 für die Minimierung.

Satz 2. *Sind f und g zwei n- bzw. $(n+1)$-stellige arithmetische Funktionen und entsteht f vermöge*

$$f(x_1, \ldots, x_n) := \mu_y\big(g(x_1, \ldots, x_n, y) = 0\big)$$

durch Minimierung aus g, so kann man f aus den Funktionen g, c, l, r durch Substitution und eine Minimierung der Gestalt

$$F(x) = \mu_y\big(G(x, y) = 0\big)$$

gewinnen.

Beweis. Definiere F und G durch

$$F(x) := f\big(c_{n1}(x), \ldots, c_{nn}(x)\big)$$

und

$$G(x, y) := g\big(c_{n1}(x), \ldots, c_{nn}(x), y\big),$$

so ist

$$f(x_1, \ldots, x_n) = F\big(c^n(x_1, \ldots, x_n)\big)$$

und

$$F(x) = \mu_y\big(G(x, y) = 0\big).$$

10. Partiell rekursive Funktionen. In diesem Abschnitt wollen wir die partiell rekursiven Funktionen als diejenigen Funktionen charakterisieren, deren Graphen rekursiv aufzählbar sind. Dabei haben wir schon gesehen, dass eine arithmetische Funktion, deren Graph rekursiv aufzählbar ist, partiell rekursiv ist. Wir haben auch schon gesehen, dass die Graphen primitiv rekursiver Funktionen rekursiv aufzählbar sind. Dies werden wir zu benutzen haben, wenn wir zeigen, dass die Graphen partiell rekursiver Funktionen allesamt rekursiv aufzählbar sind.

Um dies zu beweisen, werden wir zunächst zeigen, dass die Operationen, die zur Erzeugung der partiell rekursiven Funktionen verwandt werden, aus Funktionen mit rekursiv aufzählbaren Graphen ebensolche Funktionen machen.

Satz 1. *Haben die Funktionen g, g_1, $\ldots$, g_m rekursiv aufzählbare Graphen, so hat auch die durch*

$$f(x_1, \ldots, x_n) := g\big(g_1(x_1, \ldots, x_n), \ldots, g_m(x_1, \ldots, x_n)\big)$$

definierte Funktion f einen solchen.

Beweis. Es sei F der Graph von f und G, G_1, $\ldots$, G_m seien die Graphen von g, g_1, $\ldots$, g_m. Es gibt dann primitiv rekursive Funktionen α_1, $\ldots$, α_m, α_{m+1} und β_{i1}, $\ldots$, β_{in}, $\beta_{i,n+1}$ mit

$$G = \big\{\big(\alpha_1(t), \ldots, \alpha_{m+1}(t)\big) \mid t \in \mathbf{N}_0\big\}$$

und

$$G_i = \left\{ \left(\beta_{i1}(t), \ldots, \beta_{i,n+1}(t) \right) \mid t \in \mathbf{N}_0 \right\}$$

für $i := 1, \ldots, m$.

Es gilt genau dann $(x_1, \ldots, x_n, y) \in F$, wenn

$$y = g\big(g_1(x_1, \ldots, x_n), \ldots, g_m(x_1, \ldots, x_n)\big)$$

ist. Dies ist gleichbedeutend damit, dass es $y_1, \ldots, y_m$ gibt mit

$$(x_1, \ldots, x_n, y_i) \in G_i$$

für $i := 1, \ldots, m$ und

$$(y_1, \ldots, y_m, y) \in G.$$

Auf Grund der Parametrisierung der Graphen $G, G_1, \ldots, G_m$ ist dies gleichbedeutend mit der Existenz von $t_1, \ldots, t_m, t_0$ mit

$$x_1 = \beta_{i1}(t_i), \quad \ldots, \quad x_n = \beta_{i,n}(t_i), \quad y_i = \beta_{i,n+1}(t_i)$$

für $i := 1, \ldots, m$ und

$$\alpha_i(t_0) = y_i = \beta_{i,n+1}(t_i)$$

für $i := 1, \ldots, m$ und

$$\alpha_{m+1}(t_0) = y.$$

Setzt man nun

$$h(x_1, \ldots, x_n, y, t_0, \ldots, t_m)$$
$$:= \sum_{i:=1}^{m} \sum_{j:=1}^{n} \big|\beta_{ij}(t_i) - x_j\big| + \sum_{i:=1}^{m} \big|\alpha_i(t_0) - \beta_{i,n+1}(t_i)\big|$$
$$+ \big|\alpha_{m+1}(t_0) - y\big|,$$

so sieht man, dass $(x_1, \ldots, x_n, y) \in F$ gleichbedeutend ist mit der Existenz von $t_0, \ldots, t_m$ mit

$$h(x_1, \ldots, x_n, y, t_0, \ldots, t_m) = 0.$$

Weil h primitiv rekursiv ist, ist F daher nach Satz 2 b) von Abschnitt 8 rekursiv aufzählbar.

Satz 2. *Es sei h eine einstellige arithmetische Funktion. Ist der Graph von h rekursiv aufzählbar und ist f durch die Rekursion*

$$f(x, 0) = x$$
$$f(x, y + 1) = h\big(f(x, y)\big)$$

definiert, so ist der Graph von f rekursiv aufzählbar.

Beweis. Ist der Graph von h leer, so ist der Graph von f die Menge

$$\{(x,0,x) \mid x \in \mathbf{N}_0\} = \{(\pi_1^1(t), f^0(t), \pi_1^1(t)) \mid t \in \mathbf{N}_0\}.$$

In diesem Falle ist der Graph von f also rekursiv aufzählbar.

Der Graph von h sei also nicht leer. Es gibt dann primitiv rekursive Funktionen α und β, so dass

$$\{(\alpha(t), \beta(t)) \mid t \in \mathbf{N}_0\}$$

der Graph von h ist. Es sei F der Graph von f. Dann ist genau dann $(x,y,z) \in F$, wenn $z = f(x,y)$ ist. Setze

$$F_1 := \{(x,0,z) \mid (x,0,z) \in F\}$$
$$F_2 := \{(x,y,z) \mid y > 0, (x,y,z) \in F\}.$$

Dann ist $F = F_1 \cup F_2$. Wegen $f(x,0) = x$ ist ferner

$$F_1 = \{(x,0,x) \mid x \in \mathbf{N}_0\}.$$

Daher ist F_1 rekursiv aufzählbar.

Es sei $(x,y,z) \in F_2$. Dann ist

$$z = f(x,y) = h\big(f(x,y \overset{.}{-} 1)\big).$$

Hieraus folgt, dass $f(x,i)$ für alle $i := 0, \ldots, y$ definiert ist. Wir setzen $a_i := f(x,i)$ für alle diese i. Dann ist $a_0 = f(x,0) = x$ und $a_y = f(x,y) = z$. Ferner gilt

$$a_{i+1} = f(x,i+1) = h\big(f(x,i)\big) = h(a_i)$$

für $i := 0, \ldots, y \overset{.}{-} 1$. Es gibt also Zahlen $t_1, \ldots, t_y$ mit

$$\alpha(t_{i+1}) = a_i, \quad \beta(t_{i+1}) = a_{i+1}$$

für $i := 0, \ldots, y \overset{.}{-} 1$. Die Aussage $(x,y,z) \in F_2$ ist also gleichbedeutend mit der Existenz von Zahlen $t_1, t_2, \ldots, t_y$ mit $\alpha(t_1) = x$, $\alpha(t_2) = \beta(t_1)$, $\ldots, \alpha(t_y) = \beta(t_{y \overset{.}{-} 1})$, $\beta(t_y) = a_y$, dh. von Zahlen, für die

$$|\alpha(t_1) - x| + \sum_{i:=1}^{y \overset{.}{-} 1} |\alpha(t_{i+1}) - \beta(t_i)| + |\beta(t_y) - z| + \overline{\mathrm{sgn}}(y) = 0$$

ist. Mit Hilfe der Gödelfunktion Γ definieren wir die Funktion g durch

$$g(x,y,z,u) := |\alpha(\Gamma(u,1)) - x| + \sum_{i:=1}^{y \overset{.}{-} 1} |\alpha(\Gamma(u,i+1)) - \beta(\Gamma(u,i))|$$
$$+ |\beta(\Gamma(u,y)) - z| + \overline{\mathrm{sgn}}(y).$$

Dann ist g primitiv rekursiv. Ist nun $g(x, y, z, u) = 0$, so ist $y > 0$. Setzt man $t_i := \Gamma(u, i)$ für $i := 1, \ldots, y$, so sieht man, dass $(x, y, z) \in F_2$ ist. Ist umgekehrt $(x, y, z) \in F_2$ und sind $t_1, \ldots, t_y$ die zugehörigen Parameterwerte, so gibt es nach Satz 2 von Abschnitt 6 ein $u \in \mathbf{N}_0$ mit $\Gamma(u, i) = t_i$ für $i := 1, \ldots, y$. Es folgt $g(x, y, z, u) = 0$. Also gilt

$$(x, y, z) \in F_2$$

genau dann, wenn es ein u gibt mit $g(x, y, z, u) = 0$. Nach Satz 2 b) von Abschnitt 8 ist F_2 daher rekursiv aufzählbar. Nach Satz 1 c) von Abschnitt 8 ist dann auch $F_1 \cup F_2 = F$ rekursiv aufzählbar.

Auch beim Beweise des nächsten Satzes leistet uns die Gödelfunktion Γ unschätzbare Dienste.

Satz 3. *Es sei g eine zweistellige partielle Funktion. Hat g einen partiell aufzählbaren Graphen und entsteht f aus g durch die Minimierung*

$$f(x) = \mu_n\big(g(x, y) = 0\big),$$

so ist auch der Graph von f rekursiv aufzählbar.

Beweis. Ist der Graph von g leer, so auch der von f. Es sei der Graph G von g nicht leer. Es gibt dann primitiv rekursive Funktionen α, β, γ mit

$$G = \big\{ \big(\alpha(t), \beta(t), \gamma(t)\big) \,\big|\, t \in \mathbf{N}_0 \big\}.$$

Die Bedingung

$$f(x) = \mu_y\big(g(x, y) = 0\big)$$

ist dann gleichbedeutend mit der Existenz von Zahlen $a_0, a_1, \ldots, a_y$ mit $g(x, i) = a_i$ für $i := 0, \ldots, y$ und $a_i \neq 0$ für $i := 0, \ldots, y - 1$ sowie $a_y = 0$. (Beachte, dass $y - 1$ nicht definiert ist, wenn $y = 0$ ist.) Dies ist wiederum gleichbedeutend mit der Existenz von Zahlen $t_0, t_1, \ldots, t_y$ mit

$$\alpha(t_j) = x, \quad \beta(t_j) = j, \quad \gamma(t_j) \neq 0$$

für $j := 0, \ldots, y - 1$ und

$$\alpha(t_y) = x, \quad \beta(t_y) = y, \quad \gamma(t_y) = 0.$$

Diese Bedingungen sind gleichbedeutend mit

$$\sum_{i:=0}^{y} \big(|\alpha(t_i) - x| + |\beta(t_i) - i|\big) + y\,\overline{\mathrm{sgn}}\bigg(\prod_{i:=0}^{y-1} \gamma(t_i)\bigg) + \gamma(t_y) = 0.$$

Definiere h durch

$$h(x,y,u) := \sum_{i:=0}^{y} \left(|\alpha(\Gamma(u,i)) - x| + \beta(\Gamma(u,i)) - i| \right)$$

$$+ y\overline{\mathrm{sgn}}\left(\prod_{i:=}^{y \,\dot{-}\, 1} \gamma(\Gamma(u,i)) \right) + \gamma(\Gamma(u,y)).$$

Mit allem, was wir bislang gezeigt haben, gilt dann, dass (x,y) genau dann zum Graphen von f gehört, wenn es ein u gibt mit $h(x,y,u) = 0$. Da h primitiv rekursiv ist, folgt mit Satz 2 b) von Abschnitt 8, dass der Graph von f rekursiv aufzählbar ist.

Nun können wir die angekündigte Charakterisierung der partiell rekursiven Funktionen beweisen.

Satz 4. *Ist f eine arithmetische Funktion, so ist f genau dann partiell rekursiv, wenn der Graph von f rekursiv aufzählbar ist.*

Beweis. Ist der Graph von f rekursiv auflösbar, so ist f nach Satz 5 von Abschnitt 8 partiell rekursiv.

Es sei umgekehrt f partiell rekursiv. Dann lässt sich f durch Substitution, primitive Rekursion der in Satz 1 von Abschnitt 9 und durch Minimierung der in Satz 2 von Abschnitt 9 beschriebenen Art aus den Anfangsfunktionen f^0, s, π_n^i und den Funktionen c, l, r erzeugen. Diese Funktionen sind allesamt primitiv rekursiv, so dass ihre Graphen nach dem Korollar zu Satz 4 des Abschnitts 8 rekursiv aufzählbar sind. Auf Grund der Sätze 1, 2 und 3 ist daher auch der Graph von f rekursiv aufzählbar.

Satz 5. *Ist f eine partiell rekursive Funktion, so ist der Definitionsbereich und auch der Wertevorrat von f rekursiv aufzählbar.*

Beweis. Ist F der Graph von f, so ist F nach Satz 4 rekursiv aufzählbar. Es gibt also primitiv rekursive Funktionen $\alpha_1, \ldots, \alpha_{n+1}$, so dass

$$F = \left\{ (\alpha_1(t), \ldots, \alpha_{n+1}) \mid t \in \mathbf{N}_0 \right\}$$

ist. Dann ist aber

$$D = \left\{ (\alpha_1(t), \ldots, \alpha_n) \mid t \in \mathbf{N}_0 \right\}$$

der Defintionsbereich und

$$W = \left\{ \alpha_{n+1} \mid t \in \mathbf{N}_0 \right\}$$

der Wertevorrat von f. Weil die α_i primitiv rekursiv sind, sind D und W rekursiv aufzählbar.

Satz 6. *Die Menge A von n-Tupeln von Zahlen aus $\mathbf{N}_0$ ist genau dann rekursiv aufzählbar, wenn ihre partielle charakteristische Funktion partiell rekursiv ist.*

Beweis. Ist die partielle charakteristische Funktion χ von A partiell rekursiv, so ist A als Definitionsbereich von χ nach Satz 5 rekursiv aufzählbar.

Es sei A rekursiv aufzählbar. Es gibt dann primitiv rekursive Funktionen $f_1, \ldots, f_n$ mit

$$A = \big\{ \big(f_1(t), \ldots, f_n(t)\big) \mid t \in \mathbf{N}_0 \big\}.$$

Der Graph von χ besteht dann aus den $(n+1)$-Tupeln

$$\big(f_1(t), \ldots, f_n(t), f^0(t)\big),$$

wobei wieder $f^0(t) = 0$ ist. Weil auch f_0 primitiv rekursiv ist, ist der Graph von χ rekursiv aufzählbar, so dass χ nach Satz 4 partiell rekursiv ist.

Satz 7. *Ist F eine $(m+n)$-stellige partiell rekursive Funktion, so ist die Menge A aller m-Tupel $x_1, \ldots, x_m$, für die es ein n-Tupel $y_1, \ldots, y_n$ gibt mit*

$$F(x_1, \ldots, x_m, y_1, \ldots, y_n) = 0,$$

rekursiv aufzählbar.

Beweis. Der Graph von F ist rekursiv aufzählbar. Es gibt also primitiv rekursive Funktionen $\alpha_1, \ldots, \alpha_{n+m}, \beta$, so dass dieser Graph aus den $(m+n+1)$-Tupeln

$$\big(\alpha_1(t), \ldots, \alpha_m(t), \alpha_{m+1}(t), \ldots, \alpha_{m+n}(t), \beta(t)\big)$$

mit $t \in \mathbf{N}_0$ besteht. Die Menge A besteht aus allen m-Tupeln

$$\big(\alpha_1(t), \ldots, \alpha_m(t)\big),$$

für die $\beta(t) = 0$ ist. Nach Satz 2 von Abschnitt 7 ist die Menge B der t mit $\beta(t) = 0$ primitiv rekursiv, so dass diese Menge auch rekursiv aufzählbar ist. Es gibt also eine primitiv rekursive Funktion γ mit $B = \{\gamma(s) \mid s \in \mathbf{N}_0\}$. Es folgt

$$A = \big\{ \big(\alpha_1 \gamma(s), \ldots, \alpha_m, \gamma(s)\big) \mid s \in \mathbf{N}_0 \big\},$$

so dass A rekursiv aufzählbar ist.

Der nächste Satz gibt einen weiteren Einblick in die Struktur der partiell rekursiven Funktionen. (Kleene 1936)

Satz 8. *Ist f eine n-stellige partiell rekursive Funktion, so gibt es eine $(n+1)$-stellige primitiv rekursive Funktion F, so dass*

$$f(x_1, \ldots, x_n) = l\big(\mu_t(F(x_1, \ldots, x_n, t) = 0)\big)$$

ist. Dabei ist l wieder die „Linksfunktion" zum cantorschen Index.

Beweis. Es sei G der Graph von f. Dann ist G rekursiv aufzählbar. Es gibt daher eine $(n+2)$-stellige primitiv rekursive Funktion g, so dass genau dann $(x_1, \ldots, x_n, y) \in G$ gilt, wenn es ein a gibt mit

$$g(x_1, \ldots, x_n, y, a) = 0.$$

Setze $t := c(x, y)$. Dann folgt: Genau dann ist $(x_1, \ldots, x_n, y) \in G$, wenn es ein t gibt mit $g(x_1, \ldots, x_n, l(t), r(t)) = 0$ und $y = l(t)$. Ist also

$$g\big(x_1, \ldots, x_n, l(t), r(t)\big) = 0,$$

so ist $l(t) = f(x_1, \ldots, x_n)$. Folglich ist

$$f(x_1, \ldots, x_n) = l\big(\mu_t(g(x_1, \ldots, x_n, l(t), r(t)) = 0)\big),$$

falls $f(x_1, \ldots, x_n)$ definiert ist. Ist $f(x_1, \ldots, x_n)$ nicht definiert, so ist auch die rechte Seite nicht definiert. Setzt man nun

$$F(x_1, \ldots, x_n, t) := g\big(x_1, \ldots, x_n, l(t), r(t)\big),$$

so ist F primitiv rekursiv und es gilt in der Tat

$$f(x_1, \ldots, x_n) = l\big(\mu_t(F(x_1, \ldots, x_n, t) = 0)\big).$$

11. Worthalbgruppen. Turingmaschinen operieren nicht auf Zahlen, sondern auf Zeichenketten. Wir müssen uns daher hier und im Folgenden mit solchen Zeichenketten befassen. Die Zeichenketten, um die es hier geht, sind die Wörter freier Wortalgebren, die wir als Erstes beschreiben werden.

Es sei F eine nicht-leere Menge und E sei eine nicht-leere Teilmenge von F. Ferner sei $e \in F$ und $\cdot$ sei eine binäre Verknüpfung auf F. Dann heißt $(F, \cdot, e, E)$ *freies Monoid* in den *freien Erzeugenden* aus E, falls gilt:

A1) Die Verknüpfung $\cdot$ ist assoziativ.

A2) Es ist $xe = ex = x$ für alle $x \in F$.

A3) Ist $M \subseteq F$, ist $e \in M$ und $E \subseteq M$ und gilt für $x, y \in M$ stets auch $xy \in M$, so ist $M = F$.

A4) Ist $x, y \in F$ und ist $xy = e$, so ist $x = y = e$.

A5) Ist x, $y \in F$ und a, $b \in E$ und gilt $xa = yb$, so ist $x = y$ und $a = b$.

A6) Es ist $e \notin E$.

Axiom A6) besagt nur, dass F mindestens zwei Elemente enthält. Gelten nämlich A1) bis A5) und ist $e \in E$, so folgt mit $a \in E$ zunächst $a \cdot a = (a \cdot a) \cdot e$. Mit A5) folgt $a = a \cdot a$ und $a = e$. Also ist $E = \{e\}$. ferner ist $e \cdot e = e$, so dass mit A3) folgt, dass $F = E$ ist. Also hat F in diesem Fall nur ein Element.

Satz 1. *Sind $(F, \cdot, e, E)$ und $(F', \cdot, e', E')$ freie Monoide und ist σ eine Bijektion von F auf F' mit $\sigma(xy) = \sigma(x)\sigma(y)$ für alle x, $y \in F$, so ist $\sigma(e) = e'$ und $\sigma(E) = E'$. Ferner ist $\sigma^{-1}(uv) = \sigma^{-1}(u)\sigma^{-1}(v)$ für alle u, $v \in E'$.*

Beweis. Wegen der Surjektivität von σ gibt es ein $y \in F$ mit $\sigma(y) = e'$. Es folgt

$$\sigma(e) = e'\sigma(e) = \sigma(y)\sigma(e) = \sigma(ye) = \sigma(y) = e'.$$

Weil σ bijektiv ist, gibt es σ^{-1}. Es seien u, $v \in F'$. Es gibt dann x, $y \in F$ mit $\sigma(x) = u$ und $\sigma(y) = v$. Es folgt

$$\sigma^{-1}(uv) = \sigma^{-1}\big(\sigma(x)\sigma(y)\big) = \sigma^{-1}\sigma(xy) = xy = \sigma^{-1}(u)\sigma^{-1}(v).$$

Also ist auch σ^{-1} multiplikativ.

Es sei E_n die Menge aller $a_1 \cdots a_n$ mit $a_i \in E_1 = E$. Dann ist $E_0 = \{e\}$ und $E \subseteq \bigcup_{n:=0}^{\infty} E_n$. Weil $\bigcup_{n:=0}^{\infty} E_n$ multiplikativ abgeschlossen ist, folgt $\bigcup_{n:=0}^{\infty} E_n = F$. Daher ist jedes Element von F Produkt von endlich vielen Elementen aus E. Entsprechendes gilt für F' und E'.

Es sei $a \in E$ und es gelte $\sigma(a) \notin E'$. Wegen $\sigma(e) = e'$, der Injektivität von σ und $a \neq e$ ist $\sigma(a) \neq e'$. Es gäbe also u, $v \in F'$ mit u, $v \neq e'$ und $\sigma(a) = uv$. Es folgte

$$a = \sigma^{-1}\big(\sigma(a)\big) = \sigma^{-1}(uv) = \sigma^{-1}(u)\sigma^{-1}(v).$$

Wegen $v \neq e'$ wäre $\sigma^{-1}(v) \neq e$. Es gäbe also ein $w \in F$ und ein $b \in E$ mit $\sigma^{-1}(v) = wb$. Es folgte

$$ea = a = \sigma^{-1}(u)wb$$

und weiter $a = b$ und $e = \sigma^{-1}(u)w$. Hieraus folgte schließlich

$$\sigma^{-1}(u) = e = w$$

und damit der Widerspruch $u = e'$. Also ist doch $\sigma(a) \in E'$, dh., $\sigma(E) \subseteq E'$. Ebenso folgt $\sigma^{-1}(E') \subseteq E$ und damit $\sigma(E) = E'$. Damit ist alles bewiesen.

Wegen $F = \bigcup_{n:=0}^{\infty} E_n$ nennt man

$$E^* := (F, \cdot, e, E)$$

auch *freie Wortalgebra* über dem *Alphabet E*. Das Element e wird dann *leeres Wort* genannt und mit Λ bezeichnet. Die Elemente von E heißen dann sinngemäß *Buchstaben* und die Elemente von E^* *Wörter* Häufig werden E^* und F miteinander identifiziert.

Ist E eine nicht-leere Menge, so gibt es stets eine freie Wortalgebra E^* über dem Alphabet E. Dies zu zeigen, ist eine einfache Übungsaufgabe.

Satz 2. *Es sei $A = \{a_1, \ldots, a_p\}$ ein endliches Alphabet und A^* sei die Menge der Wörter über A. Wir setzen $\lambda(\Lambda) := 0$ und*

$$\lambda(a_{i_n} a_{i_{n-1}} \ldots a_{i_0}) := \sum_{k:=0}^{n} i_k p^k.$$

Dann ist λ eine Bijektion von A^* auf $\mathbf{N}_0$.

Beweis. Ist $p = 1$, so ist $\lambda(w)$ die Anzahl, die angibt, wie oft a_1 in w vorkommt. Folglich ist λ bijektiv. Es sei $p > 1$. Dann ist

$$\frac{p^{n+1} - 1}{p - 1} \leq \sum_{k:=0}^{n} i_k p^k \leq p \frac{p^{n+1} - 1}{p - 1}.$$

Ferner ist

$$p \frac{p^{n+1} - 1}{p - 1} - \frac{p^{n+1} - 1}{p - 1} + 1 = p^{n+1}.$$

Da aus

$$\sum_{k:=0}^{n} i_k p^k = \sum_{k:=0}^{n} j_k p^k$$

folgt, dass $i_k = j_k$ ist für alle k, und da es genau p^{n+1} Wörter der Länge $n + 1$ gibt, folgt, dass λ auch surjektiv ist.

Für $w \in A^*$ heißt $\lambda(w)$ der *lexikalische Index* von w und λ^{-1} heißt *lexikalische Aufzählung* von A^*. Wir setzen im Folgenden $\alpha := \lambda^{-1}$.

Wir benutzen nun α und λ um n-stellige partielle Wortfunktionen mittels n-stelliger partieller arithmetischer Funktionen darzustellen. dabei heißt F eine *n-stellige partielle Wortfunktion* über A, wenn F eine Abbildung von $M \subseteq A^{*n}$ in A^* ist. Statt partielle Wortfunktion werden wir meist nur Wortfunktion sagen.

Es sei F eine n-stellige partielle Wortfunktion über A und f sei eine n-stellige partielle arithmetische Funktion. Wir sagen f *stelle die Wortfunktion F dar*, wenn

$$F(\alpha(x_1), \ldots, \alpha(x_n)) = \alpha f(x_1, \ldots, x_n)$$

gilt für alle $x_1, \ldots, x_n \in \mathbb{N}_0$.

Stellt f die Wortfunktion F dar, so gilt

$$f(x_1, \ldots, x_n) = \lambda F\big(\alpha(x_1), \ldots \alpha(x_n)\big)$$

für alle $x_1, \ldots, x_n \in \mathbb{N}_0$, so dass es höchstens ein soches f gibt. Andererseits definiert diese Gleichung eine F darstellende arithmetische Funktion. Es gilt also

Satz 3. *Ist F eine n-stellige Wortfunktion über dem Alphabet A, so gibt es genau eine F darstellende arithmetische Funktion f. Für sie gilt*

$$f(x_1, \ldots, x_n) = \lambda F\big(\alpha(x_1), \ldots, \alpha(x_n)\big)$$

für alle $x_1, \ldots x_n \in \mathbb{N}_0$ und

$$F(w_1, \ldots, w_n) = \alpha f\big(\lambda(w_1), \ldots, \lambda(w_n)\big)$$

für alle $w_1, \ldots, w_n \in A^*$.

Satz 4. *Ist f eine n-stellige arithmetische Funktion und ist A ein Alphabet, so gibt es genau eine n-stellige Wortfunktion über A, die durch f dargestellt wird, nämlich die durch*

$$F(w_1, \ldots, w_n) := \alpha f\big(\lambda(w_1), \ldots, \lambda(w_n)\big)$$

definierte Funktion F.

Die Wortfunktion F heißt *primitiv rekursiv*, *rekursiv* oder *partiell rekursiv*, je nachdem die F darstellende arithmetische Funktion f primitiv rekursiv, rekursiv oder partiell rekursiv ist.

Satz 5. *Es sei F eine n-stellige Wortfunktion über dem Alphabet A. Genau dann ist F partiell rekursiv, wenn es eine $(n+2)$-stellige primitiv rekursive Wortfunktion G gibt, so dass $(w_1, \ldots, w_n, v)$ genau dann zum Graphen von F gehört, wenn es ein $u \in A^*$ gibt mit*

$$G(w_1, \ldots, w_n, v, u) = \Lambda.$$

Beweis. Es sei f die F darstellende arithmetische Funktion. Dann ist F genau dann partiell rekursiv, wenn f partiell rekursiv ist. Dies ist genau dann der Fall, wenn es eine primitiv rekursive Funktion g gibt, so dass es genau dann zu $(x_1, \ldots, x_n, y)$ ein a gibt mit

$$g(x_1, \ldots, x_n, y, a) = 0,$$

wenn $(x_1, \ldots, x_n, y)$ zum Graphen von f gehört. Es sei G die nach Satz 4 existierende Wortfunktion über A, die von g dargestellt wird. Dann ist

$$G(w_1, \ldots, w_n, v, u) = \alpha g\big(\lambda(w_1), \ldots, \lambda(w_n), \lambda(v), \lambda(u)\big).$$

Es sei nun $G(w_1, \ldots, w_n, v, u) = \Lambda$. Dann ist

$$g\big(\lambda(w_1), \ldots, \lambda(w_n), \lambda(v), \lambda(u)\big) = 0.$$

Es folgt, dass

$$\lambda(v) = f\big(\lambda(w_1), \ldots, \lambda(w_n)\big) = \lambda F(w_1, \ldots, w_n)$$

ist. Folglich gehört $(w_1, \ldots, w_n, v)$ zum Graphen von F.

Es sei umgekehrt $(w_1, \ldots, w_n, v)$ ein Element des Graphen von F. Dann ist $(\lambda(w_1), \ldots, \lambda(w_n), \lambda(v))$ ein Element des Graphen von f. Es gibt also ein a, so dass

$$g\big(\lambda(w_1), \ldots, \lambda(w_n), \lambda(v), a\big) = 0$$

ist. Setzt man $u := \alpha(a)$, so folgt, dass

$$G(w_1, \ldots, w_n, v, u) = \Lambda$$

ist. Damit ist Satz 5 bewiesen.

12. Wortmengen und Wortfunktionen. Es sei $A = \{a_1, \ldots, a_p\}$ ein endliches Alphabet und A^* sei die Menge der Wörter über A. Ferner sei wieder α die lexikalische Aufzählung von A^* und $\lambda(w)$ der lexikalische Index von $w \in A^*$.

Ist $M \subseteq A^*$, so heißt M *primitiv rekursiv, rekursiv* oder *rekursiv aufzählbar*, wenn die Menge $\lambda(M)$ primitiv rekursiv, rekursiv oder rekursiv aufzählbar ist.

Mit den Ergebnissen von Abschnitt 7 erhalten wir sofort:

Satz 1. *Es sei A ein endliches Alphabet. Dann gilt:*

a) Ist $M \subseteq A^*$ und ist M endlich, so ist M primitiv rekursiv.

b) Sind $M_1, \ldots, M_n \subseteq A^*$ primitiv rekursiv, rekursiv oder rekursiv aufzählbar, so sind $\bigcap_{i:=1}^{n} M_i$ und $\bigcup_{i:=1}^{n} M_i$ primitiv rekursiv, rekursiv bzw. rekursiv aufzählbar.

c) Ist $M \subseteq A^*$ und sind M und $A^* - M$ rekursiv aufzählbar, so ist M rekursiv.

Satz 2. *Es sei $A = \{a_1, \ldots, a_p\}$ ein endliches Alphabet. Definiert man S_i für $i := 1, \ldots, p$ durch*

$$S_i(w) := wa_i,$$

so ist S_i primitiv rekursiv.

Beweis. Setze $s_i(x) := \lambda S_i(\alpha(x))$. Dann ist s_i die S_i darstellende arithmetische Funktion. Mittels der Definition von λ folgt

$$\lambda(wa_i) = p\lambda(w) + i.$$

Dies ergibt

$$s_i(x) = \lambda\big(S_i(\alpha(x))\big) = \lambda\big(\alpha(x)a_i\big) = p\lambda\big(\alpha(x)\big) + i = px + i.$$

Also ist s_i und damit S_i primitiv rekursiv.

Bei dem nächsten Satz bleibt es offen, welches Alphabet in welchem enthalten ist.

Satz 3. *Es seien $A = \{a_1, \ldots, a_p\}$ und $A_1 = \{a_1, \ldots, a_q\}$ endliche Alphabete. Es bezeichne α die lexikalische Aufzählung von A^* und α_1 die von A_1^*. Ferner sei $\lambda = \alpha^{-1}$ und $\lambda_1 = \alpha_1^{-1}$. Schließlich sei f definiert durch $f(0) = 0$ und*

$$f(x) = qf\big(x \operatorname{DIV} p \dot{-} \overline{\operatorname{sgn}}(x \operatorname{MOD} p)\big) + x \dot{-} p(x \operatorname{DIV} p) + p\overline{\operatorname{sgn}}(x \operatorname{MOD} p).$$

Dann ist f primitiv rekursiv. Ist $\lambda_1\alpha(x)$ definiert, so ist $\lambda_1\alpha(x) = f(x)$.

Beweis. Die Definition von f kann als Wertverlaufsrekursion interpretiert werden, so dass f nach dem entsprechenden Satz aus Abschnitt 4 primitiv rekursiv ist.

Setze $\bar{f} := \lambda_1\alpha$. Dann ist $\bar{f}(0) = \lambda_1\alpha(0) = \lambda_1(\Lambda) = 0$ und folglich $\bar{f}(0) = f(0)$. Es sei $x > 0$ und $w := \alpha(x) \in A_1^*$. Dann ist $w \in A_1^* \cap A^*$, da α ja eine Abbildung von $\mathbf{N}_0$ auf A^* ist. Es folgt mit den Entwicklungen von Abschnitt 11, dass die Buchstaben, die in w vorkommen, in $A \cap A_1$ liegen. Wegen $x > 0$ gibt es ein $a_i \in A \cap A_1$ und ein $v \in A^* \cap A_1^*$ mit $w = va_i$. Wie beim Beweise von Satz 2 gesehen, ist

$$x = p\lambda(v) + i$$

und

$$\lambda_1(va_i) = q\lambda_1(v) + i.$$

Nun ist $\lambda_1(v) = \lambda_1\alpha\lambda(v) = \bar{f}(\lambda(v))$ und wegen $1 \leq i \leq p$ und $x = p\lambda(v) + i$ ist ferner

$$\lambda(v) = x \operatorname{DIV} p \dot{-} sGn(x \operatorname{MOD} p)$$

und

$$i = x \dot{-} p(x \operatorname{DIV} p) + p\overline{\operatorname{sgn}}(x \operatorname{MOD} p).$$

Wegen

$$\bar{f}(x) = q\lambda_1(v) + i = q\bar{f}\big(\lambda(v)\big) + i$$

ist dann

$$\bar{f}(x) = q\bar{f}\big(x \operatorname{DIV} p \dot{-} \overline{\operatorname{sgn}}(x \operatorname{MOD} p)\big) + x \dot{-} p(x \operatorname{DIV} p) + p\overline{\operatorname{sgn}}(x \operatorname{MOD} p),$$

so dass f und $\bar{f}$ der gleichen Rekursion genügen. Also ist $f = \bar{f}$.

Satz 4. *Es sei* $A = \{a_1, \ldots, a_p\}$ *ein endliches Alphabet und* $A_1 = \{a_1, \ldots, a_p, a_{p+1}, \ldots, a_q\}$ *eine endliche Erweiterung von* A. *Dann gilt:*

a) Ist $M \subseteq A^*$, *so ist* M *über* A *genau dann primitiv rekursiv, rekursiv oder rekursiv aufzählbar, wenn* M *über* A_1 *primitiv rekursiv, rekursiv oder rekursiv aufzählbar ist.*

b) Eine im Alphabet A *definierte* n-*stellige Wortfunktion* F *ist genau dann über* A *partiell rekursiv, wenn sie über* A_1 *partiell rekursiv ist. Darüberhinaus gilt: Ist* G *eine in* A_1 *definierte partiell rekursive Wortfunktion und induziert* G *in* A *die Funktion* F, *so ist* F *als Funktion in* A *ebenfalls partiell rekursiv.*

c) Eine im Alphabet A *definierte* n-*stellige Wortfunktion* F *ist genau dann primitiv rekursiv, bzw. rekursiv über* A, *wenn sich* F *zu einer über* A_1 *definierten Wortfunktion* G *fortsetzen lässt, die primitiv rekursiv, bzw. rekursiv ist.*

Beweis. α, λ, α_1, λ_1 haben die üblichen Bedeutungen.

a) Wir beginnen mit einigen Vorbemerkungen.

1) Wir setzen $g := \lambda_1 \alpha$. Wegen $A^* \subseteq A_1^*$ ist g überall definiert, so dass g nach Satz 3 primitiv rekursiv ist. Ferner ist g injektiv und monoton wachsend (Beweis!) und folglich unbeschränkt.

2) Definiere g^* durch $g^*(x) := \mu_y(x \dot- g(y) = 0)$. Weil g nach 1) unbeschränkt ist, gibt es ein y mit $x \leq g(y)$. Dann ist aber $x \dot- g(y) = 0$, so dass g^* voll ist. Setze $z := g(x)$. Wäre $x < z$, so wäre $x \leq z - 1 \leq g(z-1)$, da g monoton steigt. Es folgte $x \dot- g(z-1) = 0$ und damit $z = g^*(x) \leq z - 1$. Dieser Widerspruch zeigt, dass $g^*(x) \leq x$ ist für alle x. Mit Satz 8 von Abschnitt 2 folgt, dass g^* primitiv rekursiv ist.

3) Ist $x = g(y)$, so folgt aus der Monotonie von g, dass $y = g^*(x)$ ist. Es ist dann $x = gg^*(y)$ und folglich

$$\alpha_1(x) = \alpha g^*(x).$$

4) A^* ist als Teilmenge von A_1^* primitiv rekursiv. Es ist ja

$$A^* = \{\alpha(x) \mid x \in \mathbf{N}_0\}$$

und weiter

$$\lambda_1(A^*) = \{\lambda_1 \alpha(x) \mid x \in \mathbf{N}_0\} = \{g(x) \mid x \in \mathbf{N}_0\}.$$

Weil g monoton ist, ist $g(x) \geq x$ für alle x. Nach Satz 3 von Abschnitt 7 ist $\lambda_1(A^*)$ und damit A^* primitiv rekursiv.

Es sei nun $M \subseteq A^*$ und M sei als Teilmenge von A_1^* primitiv rekursiv oder rekursiv und v sei die charakteristische Funktion von $\lambda_1(M)$. Dann ist v primitiv rekursiv, bzw. rekursiv. Es gilt nun

$$v\big(g(x)\big) = 0$$

genau dann, wenn $g(x) \in \lambda_1(M)$ ist. Wegen $g = \lambda_1 \alpha$ ist dies genau dann der Fall, wenn $\alpha(x) \in M$, dh., wenn $x \in \lambda(M)$ ist. Somit ist $\mathrm{sgn}vg$ die charakteristische Funktion von $\lambda(M)$. Diese Funktion ist aber primitiv rekursiv, bzw. rekursiv, je nachdem v primitiv rekursiv oder rekursiv ist.

Es sei weiterhin $M \subseteq A^*$ und M sei als Teilmenge von A^* primitiv rekursiv oder rekursiv. Es sei v die charakteristische Funktion von $\lambda(M)$. Setze

$$N := \{\alpha_1(y) \mid y \in \mathbf{N}_0, vg^*(y) = 0\}.$$

Wir zeigen zunächst, dass

$$M = N \cap A^*$$

ist. Dazu sei $w \in N \cap A^*$. Es gibt dann ein $y \in \mathbf{N}_0$ mit $w = \alpha_1(y)$ und $vg^*(y) = 0$. Es gibt aber auch ein $z \in \mathbf{N}_0$ mit $w = \alpha(z)$. Es folgt $y = \lambda_1 \alpha(z) = g(z)$. Nach 3) ist dann $z = g^*(y)$. Es folgt $v(z) = vg^*(y) = 0$ und damit $z \in \lambda(M)$. Hieraus folgt wiederum $w = \alpha(z) \in M$. Also ist $N \cap A^* \subseteq M$.

Es sei umgekehrt $w \in M$. Es gibt dann ein $z \in \mathbf{N}_0$ mit $w = \alpha(z)$. Wegen $A^* \subseteq A_1^*$ gibt es ein $y \in \mathbf{N}_0$ mit $w = \alpha_1(y)$. Es folgt $y = \lambda_1 \alpha(z) = g(z)$. Mit 3) folgt wieder $z = g^*(y)$. Wegen $\lambda(w) = z$ folgt $z \in \lambda(M)$ und daher $v(z) = 0$ Also ist $vg^*(y) = 0$ und somit $w = \alpha_1(y) \in N$. Wegen $M \subseteq A^*$ ist folglich $M \subseteq N \cap A^*$. Damit ist gezeigt, dass $M = N \cap A^*$ ist.

Nun ist v primitiv rekursiv oder rekursiv. Daher ist vg^* primitiv rekursiv oder rekursiv. Nach Satz 2 von Abschnitt 7 ist $\lambda_1(N)$ und damit N primitiv rekursiv oder rekursiv. Mit 4) und Satz 1 b) folgt schließlich, dass $N \cap A^* = M$ primitiv rekursiv bzw. rekursiv ist.

Es bleibt die Aussage über die primitive Aufzählbarkeit zu beweisen. Es sei $M \subseteq A^*$ und M sei als Teilmenge von A_1^* rekursiv aufzählbar. Es gibt dann eine 2-stellige primitiv rekursive Funktion φ mit der Eigenschaft, dass es zu x genau dann ein y gibt mit $\varphi(x, y) = 0$, wenn $x \in \lambda_1(M)$ ist. Folglich gibt es zu x genau dann ein y mit $\varphi(g(x), y) = 0$, wenn $g(x) \in \lambda_1(M)$ ist, dh. genau dann, wenn $\alpha(x) \in M$, dh. genau dann, wenn $x \in \lambda(M)$ ist. Weil g primitiv rekursiv ist, folgt, dass M auch als Teilmenge von A^* rekursiv aufzählbar ist.

Es sei schließlich M als Teilmenge von A^* rekursiv aufzählbar. Es gibt dann eine primitiv rekursive Funktion φ mit

$$\lambda(M) = \{\varphi(x) \mid x \in \mathbf{N}_0\}.$$

Es folgt

$$\lambda_1(M) = \lambda_1 \alpha \lambda(M) = g(\lambda(M)) = \{g\varphi(x) \mid x \in \mathbf{N}_0\}.$$

Weil $g\varphi$ primitiv rekursiv ist, ist $\lambda_1(M)$ rekursiv aufzählbar. Damit ist M auch als Teilmenge von A_1^* als rekursiv aufzählbar erkannt.

Um b) und c) zu beweisen, definieren wir die beiden Funktionen φ und ψ durch die Rekursionen $\varphi(0) = 0$ und $\psi(0) = 0$ sowie

$$\varphi(x) = q\varphi\big(x\,\mathrm{DIV}\,p \,\dot{-}\, \overline{\mathrm{sgn}}(x\,\mathrm{MOD}\,p)\big)+x\,\dot{-}\,p(x\,\mathrm{DIV}\,p)+p\overline{\mathrm{sgn}}(x\,\mathrm{MOD}\,p)$$

und

$$\psi(x) = p\psi\big(x\,\mathrm{DIV}\,q \,\dot{-}\, \overline{\mathrm{sgn}}(x\,\mathrm{MOD}\,q)\big)+x\,\dot{-}\,q(x\,\mathrm{DIV}\,q)+q\overline{\mathrm{sgn}}(x\,\mathrm{MOD}\,q).$$

Nach Satz 3 sind φ und ψ primitiv rekursiv. Wegen $A^* \subseteq A_1^*$ ist $\varphi = \lambda_1\alpha$. Ferner ist $\psi(x) = \lambda\alpha_1(x)$ für alle die x, für die $\lambda\alpha_1(x)$ definiert ist. Auch diese beiden Aussagen gelten nach Satz 3.

b) Es sei f die F über A darstellende arithmetische Funktion. Wir definieren h durch

$$h(x_1,\ldots,x_n) := \varphi f\big(\psi(x_1),\ldots,\psi(x_n)\big).$$

Dann ist h genau dann partiell rekursiv, wenn f es ist. Wegen

$$\begin{aligned}
F\big(\alpha_1(x_1),\ldots,\alpha_1(x_n)\big) &= F\big(\alpha\lambda\alpha_1(x_1),\ldots,\alpha\lambda\alpha_1(x_n)\big)\\
&= \alpha f\big(\psi(x_1),\ldots,\psi(x_n)\big)\\
&= \alpha_1\varphi f\big(\psi(x_1),\ldots,\psi(x_n)\big)\\
&= \alpha_1 h(x_1,\ldots,x_n).
\end{aligned}$$

ist h die F über A_1 darstellende arithmetische Funktion. Damit ist die erste Aussage von b) bewiesen.

Es sei G eine in A_1 definierte partiell rekursive Wortfunktion, die für Wörter aus A^* die gleichen Werte wie F annehme. Es seien f die F in A und g die G in A_1 darstellenden arithmetischen Funktionen. Dann ist

$$\begin{aligned}
\alpha f(x_1,\ldots,x_n) &= F\big(\alpha(x_1),\ldots,\alpha(x_n)\big)\\
&= G\big(\alpha(x_1),\ldots,\alpha(x_n)\big)\\
&= G\big(\alpha_1\varphi(x_1),\ldots,\alpha_1\varphi(x_n)\big)\\
&= \alpha_1 g\big(\varphi(x_1),\ldots,\varphi(x_n)\big).
\end{aligned}$$

Hieraus folgt

$$f(x_1,\ldots,x_n) = \psi g\big(\varphi(x_1),\ldots,\varphi(x_n)\big).$$

Weil g partiell rekursiv ist, folgt, dass auch f partiell rekursiv ist. Dann ist aber auch F als Wortfunktion im Alphabet A partiell rekursiv.

c) Es sei F eine n-stellige Wortfunktion über A^* und f sei die n-stellige arithmetische Funktion, die F darstellt. Wir definieren g durch

$$g(x_1, \ldots, x_n) := \varphi f(\psi(x_1), \ldots, \psi(x_n)).$$

Dann ist g genau dann primitiv rekursiv, bzw. rekursiv, wenn f primitiv rekursiv, bzw. rekursiv ist. Wir definieren schließlich G durch

$$G(w_1, \ldots, w_n) := \alpha_1 g(\lambda_1(x_1), \ldots, \lambda_1(w_n)).$$

Dann ist G eine n-stellige Wortfunktion über A_1^*, die genau dann primitiv rekursiv, bzw. rekursiv ist, wenn F primitiv rekursiv, bzw. rekursiv ist. Sind nun $w_1, \ldots, w_n \in A^*$, so gilt

$$\begin{aligned}
G(w_1, \ldots, w_n) &= \alpha_1 g(\lambda_1(w_1), \ldots, \lambda_1(w_n)) \\
&= \alpha_1 g(\lambda_1 \alpha \lambda(w_1), \ldots, \lambda_1 \alpha \lambda(w_n)).
\end{aligned}$$

Setzt man $x_i := \lambda(w_i)$, so folgt

$$\begin{aligned}
G(w_1, \ldots, w_n) &= \alpha_1 g(\varphi(x_1), \ldots, \varphi(x_n)) \\
&= \alpha_1 \varphi f(\psi\varphi(x_1), \ldots, \psi\varphi(x_n)) \\
&= \alpha_1 \lambda_1 \alpha f(x_1, \ldots, x_n) \\
&= F(\alpha(x_1), \ldots, \alpha(x_n)) \\
&= F(\alpha\lambda(w_1), \ldots, \alpha\lambda(w_n)) \\
&= F(w_1, \ldots, w_n).
\end{aligned}$$

Folglich ist G Fortsetzung von F auf A_1^*. Ist also F primitiv rekursiv oder rekursiv, so ist G eine Fortsetzung, die ebenfalls primitiv rekursiv oder rekursiv ist.

Es sei schließlich G irgendeine Fortsetzung von F und G sei primitiv rekursiv oder rekursiv. Ferner sei g die G darstellende arithmetische Funktion. Es gilt dann

$$\begin{aligned}
\alpha f(x_1, \ldots, x_n) &= F(\alpha(x_1), \ldots, \alpha(x_n)) \\
&= G(\alpha(x_1), \ldots, \alpha(x_n)) \\
&= G((\alpha_1 \lambda_1 \alpha(x_1), \ldots, \alpha_1 \lambda_1 \alpha(x_n)) \\
&= \alpha_1 g(\varphi(x_1), \ldots, \varphi(x_n)).
\end{aligned}$$

Hieraus folgt

$$f(x_1, \ldots, x_n) = \psi g(\varphi(x_1), \ldots, \varphi(x_n)).$$

Weil g primitiv rekursiv oder rekursiv ist, ist es dann auch f und dann schließlich F. Damit ist alles gezeigt.

13. Rekursive Wortfunktionen. Ob eine Wortfunktion primitiv rekursiv, rekursiv oder partiell rekursiv ist, ist bislang nur an der sie darstellenden arithmetischen Funktion zu erkennen. In diesem Abschnitt werden wir nun zeigen, dass sich diese Funktionen auch innerhalb der Wortfunktionen selber beschreiben lassen. Wir imitieren dabei die entsprechende Beschreibung der primitiv rekursiven, rekursiven und partiell rekursiven arithmetischen Funktionen.

Es sei $A = \{a_1, \ldots, a_n\}$ ein endliches Alphabet. Wir definieren die Wortfunktionen O, S_i und Π_n^i durch

$$O(w) := \Lambda$$
$$S_i(w) := wa_i$$
$$\Pi_n^i(w_1, \ldots, w_n) := w_i.$$

Von S_i haben wir im letzten Abschnitt gesehen, dass diese Funktion primitiv rekursiv ist. Es ist

$$O\big(\alpha(x)\big) = \alpha f^0(x)$$

und

$$\Pi_n^i\big(\alpha(x_1), \ldots, \alpha(x_n)\big) = \alpha \pi_n^i(x_1, \ldots, x_n),$$

so dass auch O und Π_n^i primitiv rekursiv sind.

Ist G eine n-stellige Wortfunktion über A und sind G_1, ..., G_n Wortfunktionen von jeweils m Argumenten, so setzen wir

$$F(w_1, \ldots, w_m) := G\big(G_1(w_1, \ldots, w_m), \ldots, G_n(w_1, \ldots, w_m)\big).$$

Sind dann f, g, g_1, ..., g_n die darstellenden arithmetischen Funktionen, so gilt

$$\begin{aligned}
\alpha f(x_1, \ldots, x_m) &= F\big(\alpha(x_1), \ldots, \alpha(x_n)\big) \\
&= G\big(G_1(\alpha(x_1), \ldots, \alpha(x_m)), \ldots, G_n(\alpha(x_1), \ldots, \alpha(x_m))\big) \\
&= G\big(\alpha g_1(x_1, \ldots, x_m), \ldots, \alpha g_n(x_1, \ldots, x_m)\big) \\
&= \alpha g\big(g_1(x_1, \ldots, x_n), \ldots, g_n(x_1, \ldots, x_m)\big).
\end{aligned}$$

Hieraus folgt

$$f(x_1, \ldots, x_m) = g\big(g_1(x_1, \ldots, x_m), \ldots, g_n(x_1, \ldots, x_m)\big).$$

Sind also G, G_1, ..., G_n primitiv rekursiv, rekursiv oder partiell rekursiv, so ist auch F primitiv rekursiv, rekursiv oder partiell rekursiv.

Wir definieren *primitive Wortrekursion* wie folgt: Es sei G eine n-stellige und H_1, ..., H_p seien $(n+2)$-stellige Wortfunktionen. Die $(n+1)$-stellige Wortfunktion F heißt *Resultat der Operation der primitiven*

Wortrekursion über die Funktionen G, H_1, $\ldots$, H_p, falls für v_1, $\ldots$, v_n, $w \in A^*$ und $i := 1, \ldots, p$ gilt:

$$F(v_1, \ldots, v_n, \Lambda) = G(v_1, \ldots, v_n)$$
$$F(v_1, \ldots, v_n, wa_i) = H_i(v_1, \ldots, v_n, w, F(v_1, \ldots, v_n, w)).$$

Die Funktion F ist durch G und H_1, $\ldots$, H_p eindeutig festgelegt.

Die Abhängigkeit der primitiven Wortrekursion von der Indizierung der Buchstaben des Alphabets ist nur eine scheinbare. Man könnte die H_i auch durch H_a mit $a \in A$ beschreiben. Dann läse sich die Rekursion:

$$F(v_1, \ldots, v_n, wa) = H_a(v_1, \ldots, v_n, w, F(v_1, \ldots, v_n, w)).$$

Satz 1. *Die partielle Wortfunktion F entstehe mittels primitiver Wortrekursion aus den partiellen Wortfunktionen G, H_1, $\ldots$, H_p. Dann gewinnt man die arithmetische Funktion f, die F darstellt, aus den die Funktionen G, H_1, $\ldots$, H_p darstellenden arithmetischen Funktionen g, h_1, $\ldots$, h_p und den arithmetischen Anfangsfunktionen durch eine endliche Anzahl von Operationen der Substitution und der primitiven Rekursion. Sind die Wortfunktionen G, H_1, $\ldots$, H_n primitiv rekursiv, rekursiv oder partiell rekursiv, so gilt dies auch für F.*

Beweis. Aus den Gleichungen

$$F(w_1, \ldots, w_n, \Lambda) = G(w_1, \ldots, w_n)$$
$$F(w_1, \ldots, w_n, wa_i) = H_i(w_1, \ldots, w_n, w, F(w_1, \ldots, w_n, w))$$

erhalten wir die Gleichungen

$$f(x, 0) = g(x)$$
$$f(x, py + i) = h_i(x, y, f(x, y))$$

für $i := 1, \ldots, p$. Wobei wir $x_1, \ldots, x_n$ mit x abgekürzt haben. Die letzten Gleichungen kann man in der Form

$$f(x, z) = h_i(x, z \operatorname{DIV} p, f(x, z \operatorname{DIV} p)),$$

falls $0 < z \operatorname{MOD} p = i$ ist, bzw. in der Form

$$f(x, z) = h_p(x, z \operatorname{DIV} p \mathbin{\dot-} 1, f(x, z \operatorname{DIV} p \mathbin{\dot-} 1)),$$

falls $z \operatorname{MOD} p = 0$ ist, darstellen. Dies wiederum kann man schreiben als

$$f(x, z) = \sum_{i := 1}^{p-1} h_i(x, z \operatorname{DIV} p, f(x, z \operatorname{DIV} p)) \overline{\operatorname{sgn}} |i \mathbin{\dot-} (z \mathbin{\dot-} p(z \operatorname{DIV} p))|$$
$$+ \ h_p(x, z \operatorname{DIV} p \mathbin{\dot-} 1, f(x, z \operatorname{DIV} p \mathbin{\dot-} 1)) \overline{\operatorname{sgn}} |z \mathbin{\dot-} p(z \operatorname{DIV} p)|.$$

Dies zusammen mit der Gleichung

$$f(x,0) = g(x)$$

ergibt eine Wertverlaufsrekursion für f. Mit dem Satz über die Wertverlaufsrekursion aus Abschnitt 4 folgt daher die Behauptung.

Das Minimieren von Wortfunktionen fehlt uns noch. Um dieses durchzuführen, bräuchte man eine Anordnung auf A^*, z. B. die durch die lexikalische Aufzählung gegebene. Doch von dieser wollen wir gerade unabhängig werden. Daher definieren wir das Minimieren von Wortfunktionen nur für Wörter der Form a_i^n, wobei a^n definiert ist durch $a^0 = \Lambda$ und $a^{n+1} = a^n a$.

Wir setzen $h_i(0) := 0$ und $h_i(n) := \sum_{k:=0}^{n-1} ip^k$. Dann ist $h_i(n) = ih_1(n)$. Man sieht leicht, dass h_1 primitiv rekursiv ist. Dann ist aber auch h als 2-stellige Funktion primitiv rekursiv. Ist $1 \le i \le p$, so ist überdies

$$h_i(n) = \lambda(a_i^n).$$

Ist nun F eine 2-stellige Wortfunktion über dem Alphabet A und ist $a_i \in A$, so sei

$$\mu a_i^n\big(F(x, a_i^n) = \Lambda\big)$$

dasjenige unter den Wörtern a_i^n, für das gilt: $F(x, a_i^k)$ ist definiert für alle $k \le n$. Ferner ist $F(x, a_i^k) \ne \Lambda$ für $k < n$ und $F(x, a_i^n) = \Lambda$. Für die so definierte Operation des Minimierens gilt nun der folgende Satz.

Satz 2. *Es sei $A = \{a_1, \ldots, a_p\}$ ein endliches Alphabet und F sei eine zweistellige partielle Wortfunktion über A. Ferner sei f die F darstellende arithmetische Funktion. Ist G die aus F durch Wortminimierung*

$$G(w) := \mu a_i^n\big(F(w, a_i^n) = \Lambda\big)$$

entstehende partielle Wortfunktion und ist g die G darstellende arithmetische Funktion, so entsteht g aus f aus den Anfangsfunktionen durch primitive Rekursion, Substitution und Minimierung. Ist F partiell rekursiv, so auch G.

Beweis. Es ist

$$
\begin{aligned}
\alpha\big(g(x)\big) &= G\big(\alpha(x)\big) \\
&= \mu a_i^n\big(F(\alpha(x), a_i^n) = \Lambda\big) \\
&= \mu a_i^n\big(\alpha f(x, \lambda(a_i^n)) = \Lambda\big) \\
&= \mu a_i^n\big(\alpha f(x, h_i(n)) = \Lambda\big).
\end{aligned}
$$

Nun ist $\alpha f(x, h_i(n)) = \Lambda$ genau dann, wenn $f(x, h_i(n)) = 0$ ist. Dann ist aber $\alpha g(x) = a_i^n$ und folglich $g(x) = h_i(n)$. Also ist

$$g(x) = h_i\big(\mu_n(f(x, h_i(n)) = 0)\big).$$

Damit ist alles gezeigt.

Als Nächstes geht es darum, einige typische Wortfunktionen als primitiv rekursiv, bzw. partiell rekursiv zu erkennen.

Satz 3. *Es sei $A = \{a_1, \ldots, a_p\}$ ein Alphabet. Definiert man F durch $F(v, w) := vw$ für alle v, $w \in A^*$, so ist F primitiv rekursiv. Definiert man τ durch $\Lambda^\tau := \Lambda$ und $(wa_i)^\tau := a_i w^\tau$, so ist auch τ primitiv rekursiv.*

Beweis. Es ist

$$F(w, \Lambda) = w\Lambda = w = \Pi_1^1(w)$$

und

$$F(w, va_i) = wva_i = S_i(wv) = S_i\big(F(wv)\big).$$

Mit Satz 1 folgt daher die Behauptung über F.

Es ist $\Lambda^\tau = \Lambda$ und

$$(wa_i)^\tau = a_i w^\tau = S_i\big(O(w)\big) w^\tau.$$

Hieraus folgt mit Satz 1 auch die Behauptung über τ.

Satz 4. *Sind die Wortfunktionen G, H_1, $\ldots$, H_p primitiv rekursiv und ist*

$$F_1(w_1, \ldots, w_n, \Lambda) = G(w_1, \ldots, w_n)$$

und

$$F_1(w_1, \ldots, w_n a_i v) = H_i\big(w_1, \ldots, w_n, v, F_1(w_1, \ldots, w_n, v)\big)$$

für $i := 1$, $\ldots$, p, so ist F_1 primitiv rekursiv.

Beweis. Setze

$$F(w_1, \ldots, w_n, v) := F_1(w_1, \ldots, w_n, v^\tau)$$

und

$$\bar{H}_i(w_1, \ldots, w_n, v, y) := H_i(w_1, \ldots, w_n, v^\tau, y).$$

Weil τ primitiv rekursiv ist, sind es auch $\bar{H}_1$, $\ldots$, $\bar{H}_p$. Wegen $\Lambda^\tau = \Lambda$ folgt

$$F(w_1, \ldots, w_n, \Lambda) = G(w_1, \ldots, w_n).$$

Ferner folgt

$$
\begin{aligned}
F(w_1, \ldots, w_n, va_i) &= F_1(w_1, \ldots, w_n, a_i v^\tau) \\
&= H_i\big(w_1, \ldots, w_n, v^\tau, F_1(w_1, \ldots, w_n, v^\tau)\big) \\
&= \bar{H}_i\big(w_1, \ldots, w_n, v, F(w_1, \ldots, w_n, v)\big).
\end{aligned}
$$

Nach Satz 1 ist F primitiv rekursiv und wegen

$$F_1(w_1, \ldots, w_n, v) = F(w_1, \ldots, w_n, v^\tau)$$

dann auch F_1.

Wir definieren nun Wortfunktionen, die wir mit Sg, $-$, $\dot{-}$ und Δ bezeichnen. Alle diese Funktionen sind zweistellig.

Für $x, y \in A^*$ sei

$$\mathrm{Sg}_x y := \begin{cases} \Lambda, & \text{falls } y = \Lambda \text{ ist,} \\ x, & \text{falls } y \neq \Lambda \text{ ist.} \end{cases}$$

Für $x, y \in A^*$ sei $x - y$ die Lösung z der Gleichung $x = zy$, falls es eine solche Lösung gibt. Gibt es keine solche Lösung, so sei $x - y$ undefiniert.

Für $x, y \in A^*$ sei

$$x \dot{-} y := \begin{cases} x - y, & \text{falls } x - y \text{ definiert ist,} \\ \Lambda, & \text{falls } x - y \text{ nicht definiert ist.} \end{cases}$$

Für $x, y \in A^*$ sei schließlich

$$\Delta(x, y) := \begin{cases} x - y, & \text{falls } x - y \text{ existiert,} \\ x, & \text{falls } x - y \text{ nicht existiert.} \end{cases}$$

Satz 5. *Die Funktionen* Sg, $\dot{-}$ *und* Δ *sind primitiv rekursiv.*

Beweis. Der Deutlichkeit halber setzen wir für den Augenblick

$$F(x, y) := \mathrm{Sg}_x y.$$

Ferner setzen wir, von unseren Standardbezeichnungen abweichend, $G(x) := \Lambda$ und $H_i(x, y, z) := x$. Dann ist

$$F(x, \Lambda) = \mathrm{Sg}_x \Lambda = \Lambda = G(x)$$

und

$$F(x, ya_i) = \mathrm{Sg}_x(ya_i) = x = H_i\big(x, y, F(x, y)\big).$$

Also ist F, dh., Sg primitiv rekursiv.

Die einstellige Funktion $x \to x \dot{-} a_i$ genügt der Relation $\Lambda \dot{-} a_i = \Lambda$ und

$$xa_i \dot{-} a_i = x$$
$$xa_j \dot{-} a_i = \Lambda \text{ für } j \neq i.$$

Also ist diese Funktion primitiv rekursiv.

Als Nächstes zeigen wir, dass

$$x \overset{.}{-} a_i y = (x \overset{.}{-} y) \overset{.}{-} a_i$$

ist. Dazu sei $x - a_i y$ zunächst definiert. Es gibt dann ein $z \in A^*$ mit $x = za_i y$. Dann ist $x - y = za_i$ und folglich $x \overset{.}{-} y = za_i$. Es folgt, dass $(x \overset{.}{-} y) \overset{.}{-} a_i$ definiert und gleich z ist. Andererseits ist $x \overset{.}{-} a_i y = z$, so dass die fragliche Gleichung gilt.

Es sei nun $x - a_i y$ nicht definiert. Dann ist $x \overset{.}{-} a_i y = \Lambda$. Es sei auch $x - y$ nicht definiert. Dann ist $x \overset{.}{-} y = \Lambda$ und weiter $(x \overset{.}{-} y) \overset{.}{-} a_i = \Lambda$. Also gilt die fragliche Gleichung auch hier. Es sei $x - y$ schließlich definiert. Es gibt dann ein w mit $x = wy$. Dann ist a_i nicht der letzte Buchstabe von w, da andernfalls $x - a_i y$ definiert wäre. also ist $w - a_i$ nicht definiert und folglich $w \overset{.}{-} a_i = \Lambda$. Es folgt

$$x \overset{.}{-} a_i y = \Lambda = w \overset{.}{-} a_i = (x \overset{.}{-} y) \overset{.}{-} a_i.$$

Es gilt also

$$x \overset{.}{-} a_i y = (x \overset{.}{-} y) \overset{.}{-} a_i$$

für alle $x, y \in A^*$ und alle i.

Setzt man nun $F(x,y) := x \overset{.}{-} y$, $G(x) := x$ und $H_i(x,y,z) := z \overset{.}{-} a_i$, so sind G und nach der Vorbemerkung auch H_i primitiv rekursiv. Ferner ist

$$F(x, \Lambda) = x = G(x)$$

und

$$F(x, a_i y) = x \overset{.}{-} a_i y = (x \overset{.}{-} y) \overset{.}{-} a_i = H_i\big(x, y, F(x,y)\big).$$

Mit Satz 4 folgt dann, dass F primitiv rekursiv ist.

Um zu zeigen, dass Δ primitiv rekursiv ist, betrachten wir zunächst Funktionen D_i, die wie folgt definiert sind:

$$D_i(x) := \begin{cases} \Lambda, & \text{wenn } x - a_i \text{ existiert,} \\ a_i, & \text{wenn } x - a_i \text{ nicht existiert.} \end{cases}$$

Dann ist

$$D_i(\Lambda) = a_i$$
$$D_i(xa_i) = \Lambda$$
$$D_i(xa_j) = a_i$$

für $j \neq i$. Somit ist D_i primitiv rekursiv. Definiere D durch die Rekursion

$$D(x, \Lambda) = \Lambda$$
$$D(x, a_i y = D(x,y) D_i(x \overset{.}{-} y).$$

Dann ist auch D primitiv rekursiv.

Wie schon einmal bemerkt, gibt es, wenn $x - a_i y$ definiert ist, ein z mit $x = z a_i y$, so dass auch $x - y$ und $(x - y) - a_i$ definiert sind und dass gilt

$$x - a_i y = (x - z) - a_i.$$

In diesem Falle folgt $D_i(x \overset{.}{-} y) = D_i(x - y) = \Lambda$.

Es ist $D(x, \Lambda) = \Lambda$. Es gelte $D(x, y) = \Lambda$, falls $x - y$ definiert ist. Es sei ferner $x - a_i y$ definiert. Dann ist auch $x - y$ definiert, wie gerade gesehen, und daher

$$D(x, a_i y) = D(x, y) D_i(x \overset{.}{-} y) = \Lambda \Lambda = \Lambda.$$

Ist umgekehrt

$$D(x, a_i y) = \Lambda,$$

so ist $D(x, y) = \Lambda$ und $D_i(x \overset{.}{-} y) = \Lambda$. Nach der nicht explizit ausgesprochenen Induktionsannahme ist $x - y$ definiert und nach der Definition von D_i folgt, dass auch $(x - y) - a_i$ definiert ist. Dann ist aber auch $x - a_i y$ definiert und es gilt

$$x - a_i y = (x - y) - a_i.$$

Also ist genau dann $D(x, y) = \Lambda$, wenn $x - y$ definiert ist. Hieraus folgt wiederum

$$\mathrm{Sg}_x D(x, y) - \begin{cases} \Lambda, & \text{wenn } x - y \text{ definiert ist,} \\ x, & \text{wenn } x - y \text{ nicht definiert ist.} \end{cases}$$

Hieraus folgt schließlich

$$\Delta(x, y) = (x \overset{.}{-} y) \mathrm{Sg}_x D(x, y),$$

so dass Δ primitiv rekursiv ist.

Korollar. *Die im Beweise von Satz 5 definierte Funktion D ist primitiv rekursiv. Sie erfüllt die Rekursion*

$$D(x, \Lambda) = \Lambda$$
$$D(x, a_i y) = D(x, y) D_i(x \overset{.}{-} y)$$

und es gilt $D(x, y) = \Lambda$ genau dann, wenn $x - y$ definiert ist.

Satz 6. *Für $n \in \mathbf{N}$ definieren wir W_n durch*

$$W_n(x_1, \ldots, x_{n+1}; y_1, \ldots, y_n) := \begin{cases} x_1, & \text{falls } y_1 = \Lambda \\ x_2, & \text{falls } y_1 \neq \Lambda, \, y_2 = \Lambda \\ \vdots \\ x_n, & \text{falls } y_1, \ldots, y_{n-1} \neq \Lambda, \, y_n = \Lambda \\ x_{n+1}, & \text{falls } y_i \neq \Lambda \text{ für alle } i. \end{cases}$$

Dann ist W_n primitiv rekursiv.

Beweis. Es ist

$$W_1(x_1, x_2; \Lambda) = \Pi_2^1(x_1, x_2) = x_1$$

und

$$W_1(x_1, x_2; ya_i) = \Pi_4^2\big(x_1, x_2, y, W_1(x_1, x_2, y)\big).$$

Also ist W_1 primitiv rekursiv. Es sei $n \geq 1$ und W_n sei primitiv rekursiv. Dann ist

$$W_{n+1}(x_1, \ldots, x_{n+2}; \Lambda, y_2, \ldots, y_n) = x_1$$

und

$$W_{n+1}(x_1, \ldots, x_{n+2}; ya_i y_2, \ldots, y_{n+1}) = W_n(x_2, \ldots, x_{n+2}; y_2, \ldots, y_{n+1}).$$

Daher ist auch W_{n+1} primitiv rekursiv. (Für den, der dies nicht sofort sieht, sei gesagt, dass man x_1 und y mittels der Projektionsfunktionen natürlich rechts erscheinen lassen kann.)

Das Wort $x \in A^*$ heiße *Teilwort* des Wortes $y \in A^*$ wenn es Wörter $u, v \in A^*$ gibt mit $y = uxv$. Ist x Teilwort von y, so schreiben wir $x \,\epsilon\, y$. Ist x nicht Teilwort von y, so schreiben wir $x \,\not\epsilon\, y$.

Satz 7. *Es sei A ein endliches Alphabet. Wir definieren die Wortfunktion E durch*

$$E(x, y) := \begin{cases} \Lambda, & \text{falls } x \,\epsilon\, y \text{ ist,} \\ x, & \text{falls } x \,\not\epsilon\, y \text{ ist} \end{cases}$$

für alle $x, y \in A^*$. Dann ist E primitiv rekursiv.

Beweis. Es ist $E(x, \Lambda) = x$ für alle $x \in A^*$. Ferner ist

$$E(x, ya_i) = \begin{cases} \Lambda, & \text{falls } x \,\epsilon\, y \text{ ist,} \\ \Lambda, & \text{falls } x \,\not\epsilon\, y, \ x \,\epsilon\, ya_i \text{ ist,} \\ x, & \text{falls } x \,\not\epsilon\, y \text{ und } x \,\not\epsilon\, ya_i \text{ ist.} \end{cases}$$

Die Bedingung $x \,\epsilon\, y$ ist gleichbedeutend mit $E(x, y) = \Lambda$ und die Bedingungen $x \,\not\epsilon\, y$ und $x \,\epsilon\, ya_i$ sind gleichbedeutend mit $E(x, y) \neq \Lambda$ und $D(ya_i, x) = \lambda$. Daher haben wir

$$E(x, ya_i) = W_2\big(\Lambda, \Lambda, x; E(x, y), D(ya_i, x)\big).$$

Somit entsteht E durch primitive Wortrekursion aus primitiven Wortfunktionen, ist also selbst primitiv rekursiv. (Auch hier sind noch einige Details nachzuliefern. Dies zu tun, wird dem Leser nicht schwer fallen, hoffe ich.)

Wir nummerieren die Buchstaben eines Wortes von rechts nach links, wie das etwa Adam Ries, arabischem Brauch folgend, für die Ziffern einer dezimal geschriebenen Zahl tat. Im Gegensatz hierzu lesen wir das Wort y von links nach rechts, wenn wir vom *ersten Vorkommen* des Wortes x in y reden.

Sind x, y, $z \in A^*$, so bezeichnen wir mit $\mathrm{Sb}(x; y, z)$ das Wort, das aus x entsteht, wenn man das erste Vorkomen von y in x durch z ersetzt. Dann ist

$$\mathrm{Sb}(\Lambda; y, z) = \begin{cases} z, & \text{falls } y = \Lambda \text{ ist,} \\ \Lambda, & \text{falls } y \neq \Lambda \text{ ist.} \end{cases}$$

Also ist

$$\mathrm{Sb}(\Lambda; y, z) = W_1\big(z, \Lambda; E(y, \Lambda)\big).$$

Ferner ist $\mathrm{Sb}(x; y, z) = x$, falls y in x vorkommt. Daher gilt

$$\mathrm{Sb}(xa_i; y, z) = \begin{cases} \mathrm{Sb}(x; y, z)a_i, & \text{falls } y \,\epsilon\, x \text{ ist,} \\ \Delta(xa, y)z, & \text{falls } y \,\not\epsilon\, x \text{ und } y \,\epsilon\, xa_i \text{ ist,} \\ xa_i, & \text{falls } y \,\not\epsilon\, x \text{ und } y \,\not\epsilon\, xa_i \text{ ist.} \end{cases}$$

Also gilt

$$\mathrm{Sb}(xa_i; y, z) = W_2\big(\mathrm{Sb}(x; y, z)a_i, \Delta(xa_i, y)z, xa_i; E(y, x), E(y, xa_i)\big).$$

Hieraus folgt zusammen mit der zunächst bewiesenen Gleichung die Gültigkeit von

Satz 8. *Die Funktion* Sb *ist primitiv rekursiv.*

Schließlich sei für $a \in A$ und x, $y \in A^*$ mit $\mathrm{Sb}_a(x, y)$ dasjenige Wort bezeichnet, dass aus x entsteht, wenn jedes Vorkommen von a in x durch y ersetzt wird.

Satz 9. *Die Funktion* Sb_a *ist primitiv rekursiv.*

Beweis. Es ist

$$\mathrm{Sb}_a(\Lambda, y) = \Lambda,$$
$$\mathrm{Sb}_a(xa_j, y) = \mathrm{Sb}_a(x, y), \quad \text{falls } a \neq a_j,$$
$$\mathrm{Sb}_a(xa_j, y) = \mathrm{Sb}_a(x, y)y, \quad \text{falls } a = a_j.$$

Hieraus folgt die Behauptung

14. Kennzeichnung der rekursiven Wortfunktionen. Es sei A ein endliches Alphabet und F sei eine Wortfunktion über A^*. Man nennt F *primitiv Wort-rekursiv*, wenn F aus den Anfangsfunktionen O, S_i und F_n^i durch Substitution und primitive Wortrekursion entsteht.

F heißt *partiell Wort-rekursiv*, wenn auch noch Wortminimierung zur Erzeugung zugelassen wird.

Wir haben schon gesehen, dass primitiv Wort-rekursive Funktionen primitiv rekursiv sind und dass partiell Wort-rekursive Funktionen partiell rekursiv sind. Wir wollen nun zeigen, dass alle primitiv rekursiven Wortfunktionen auch primitiv Wort-rekursiv sind und partiell rekursive Wortfunktionen auch partiell Wort-rekursiv sind.

Ist $a \in A$ und $n \in \mathbf{N}_0$, so schreiben wir $\nu_a(n)$ oder auch nur $\nu_a n$ an Stelle von a^n.

Satz 1. *Es sei f eine partiell rekursive arithmetische Funktion und es sei $a \in A$. Es gibt dann eine partiell Wort-rekursive Funktion F mit*

$$F\big(\nu_a(x_1), \ldots, \nu_a(x_m)\big) = \nu_a f(x_1, \ldots, x_m)$$

für alle $x_1, \ldots, x_m \in \mathbf{N}_0$. Ist f primitiv rekursiv, so kann F primitiv Wort-rekursiv gewählt werden.

Beweis. Ist $f = f^0$, so tut's $F = O$. Ist $f = s$ und $a = a_i$, so tut's $F = S_i$. Es ist nämlich

$$F\big(\nu_a(x)\big) = S_i(a_i^x) = a_i^{x+1} = \nu_a(x+1) = \nu_a s(x).$$

Ist $f = \pi_m^i$, so tut's $F = \Pi_m^i$. Es ist ja

$$\begin{aligned}
F\big(\nu_a(x_1), \ldots, \nu_a(x_m)\big) &= \nu_a(x_i) \\
&= \nu_a\big(\pi_m^i(x_1, \ldots, x_m)\big) \\
&= \nu_a\big(f(x_1, \ldots, x_m)\big).
\end{aligned}$$

In allen drei Fällen ist F primitiv Wort-rekursiv.

Es sei

$$f(x_1, \ldots, x_n) = h\big(h_1(x_1, \ldots, x_n), \ldots, h_m(x_1, \ldots, x_n)\big)$$

und es gebe primitiv Wort-rekursive bzw. partiell Wort-rekursive Wortfunktionen $H, H_1, \ldots, H_n$ mit

$$H\big(\nu_a(x_1), \ldots, \nu_a(x_n)\big) = \nu_a h(x_1, \ldots, x_n)$$

und

$$H_i\big(\nu_a(x_1), \ldots, \nu_a(x_m)\big) = \nu_a h_i(x_1, \ldots, x_m)$$

für $i := 1, \ldots, n$. Wir definieren F durch

$$F(w_1, \ldots, w_m) := H\big(H_1(w_1, \ldots, w_m), \ldots, H_n(w_1, \ldots, w_m)\big).$$

Dann ist F primitiv Wort-rekursiv, bzw. partiell Wort-rekursiv und es gilt

$$
\begin{aligned}
F\big(\nu_a(x_1), &\ldots, \nu_a(x_m)\big)\\
&= H\big(H_1(\nu_a(x_1), \ldots, \nu_a(x_m)), \ldots, H_n(\nu_a(x_1), \ldots, \nu_a(x_m))\big)\\
&= \nu_a h\big(h_1(x_1, \ldots, x_m), \ldots, h_n(x_1, \ldots, x_m)\big)\\
&= \nu_a f(x_1, \ldots, x_m).
\end{aligned}
$$

Die arithmetische Funktion f entstehe aus den arithmetischen Funktionen g und h durch primitive Rekursion. Ferner gebe es Wortfunktionen G und H mit

$$
G\big(\nu_a(x_1), \ldots, \nu_a(x_n)\big) = \nu_a g(x_1, \ldots, x_n)
$$

und

$$
H\big(\nu_a(x_1), \ldots, \nu_a(x_{n+2})\big) = \nu_a h(x_1, \ldots, x_{n+2}).
$$

Die Funktionen seien partiell Wort-rekursiv, falls g und h partiell rekursiv sind, und primitiv Wort-rekursiv, falls g und h primitiv rekursiv sind. Definiere F durch die Wort-primitive Rekursion

$$
\begin{aligned}
F(w_1, \ldots, w_n, \Lambda) &= G(w_1, \ldots, w_n)\\
F(w_1, \ldots, w_n, y a_i) &= H\big(w_1, \ldots, y, F(w_1, \ldots, w_n, y)\big)
\end{aligned}
$$

für $i; = 1, \ldots, p$. Dann ist F partiell Wort-rekursiv, bzw. primitiv Wort-rekursiv, falls G und H es sind. Ferner gilt

$$
\begin{aligned}
F\big(\nu_a(x_1), \ldots, \nu_a(x_n), \nu_a(0)\big) &= G\big(\nu_a(x_1), \ldots, \nu_a(x_n)\big)\\
&= \nu_a g(x_1, \ldots, x_n)\\
&= \nu_a f(x_1, \ldots, x_n, 0)
\end{aligned}
$$

und

$$
\begin{aligned}
F\big(\nu_a(x_1), \ldots, &\nu_a(x_n), \nu_a(z+1)\big)\\
&= H\big(\nu_a(x_1), \ldots, \nu_a(x_n), \nu_a(z), F(\ldots, \nu_a(z))\big)\\
&= \nu_a h(x_1, \ldots, x_n, z, f(x_1, \ldots, x_n, z))\\
&= \nu_a f(x_1, \ldots, x_n, z+1).
\end{aligned}
$$

Also gilt

$$
F\big(\nu_a(x_1), \ldots, \nu_a(x_n), \nu_a(x_{n+1})\big) = \nu_a f(x_1, \ldots, x_n, x_{n+1})
$$

für alle $x_1, \ldots, x_{n+1} \in \mathbf{N}_0$, für die f definiert ist.

Ist schließlich

$$f(x) = \mu_y(g(x, y) = 0)$$

und

$$G(\nu_a(x), \nu_a(y)) = \nu_a g(x, y),$$

so definieren wir F durch

$$F(w) := \mu a^n \big(G(w, a^n) = \Lambda \big).$$

Dann ist $F(\nu_a(x)) = \nu_a f(x)$ für alle $s \in \mathbf{N}_0$. Damit ist alles bewiesen.

Es bezeichne λ wieder die lexikalische Aufzählung von A^* und es sei $\alpha = \lambda^{-1}$.

Satz 2. *Es sei $A = \{a_1, \ldots, a_p\}$ ein endliches Alphabet. Setze $\nu := \nu_{a_1}$. Es gibt dann eine primitiv Wort-rekursive Funktion T mit*

$$T\big(\nu(n)\big) = \alpha(n)$$

für alle $n \in \mathbf{N}_0$.

Beweis. Es bezeichne $G(w)$ das Wort, dessen lexikalischer Index um 1 größer ist als der lexikalische Index von w. Es ist dann

$$G(\Lambda) = a_1$$
$$G(wa_i) = wa_{i+1} \quad \text{für } i := 1, \ldots, p - 1$$
$$G(wa_p) = G(w)a_1.$$

Dies zeigt, dass G primitiv Wort-rekursiv ist. Definiere T durch

$$T(\Lambda) = \Lambda$$
$$T(wa_i) = T(w) \quad \text{für } i := 2, \ldots, p$$
$$T(wa_1) = G\big(T(w)\big),$$

so ist auch

$$T\big(\nu(0)\big) = T(\Lambda) = \Lambda = \alpha(0)$$

und, falls $T(\nu(n)) = \alpha(n)$ ist,

$$\begin{aligned} T\big(\nu(n+1)\big) &= T(a_1^{n+1}) \\ &= G\big(T(a_1^n)\big) \\ &= G\big(\alpha(n)\big) = \alpha(n+1). \end{aligned}$$

Folglich ist in der Tat $T(\nu(n)) = \alpha(n)$ für alle $n \in \mathbf{N}_0$.

Satz 3. *Es sei weiterhin $a \in A$ und λ sei die lexikalische Aufzählung von A^*. Dann ist die Abbildung $w \to \nu_a \lambda(w)$ primitiv Wort-rekursiv.*

Beweis. Wie immer sei $\alpha = \lambda^{-1}$. Für $i := 1, \ldots, p$ definieren wir die Funktion f_i durch

$$f_i(x) := \lambda\big(\alpha(x)a_i\big).$$

Im Abschnitt 12 hatten wir gesehen, dass $\lambda(wa_i) = p\lambda(w) + i$ ist. Mit $w = \alpha(x)$ ergibt dies

$$f_i(x) = px + i,$$

so dass f_i primitiv rekursiv ist. Nach Satz 1 gibt es eine primitiv Wort-rekursive Funktion F_i mit

$$F_i\big(\nu_a(x)\big) = \nu_a f_i(x) = \nu_a\lambda\big(\alpha(x)a_i\big)$$

für alle $x \in \mathbf{N}_0$. Die Funktion $\nu_a\lambda$ genügt nun dem folgenden Rekursionsschema

$$\nu_a\lambda(\Lambda) = \Lambda$$
$$\nu_a\lambda(wa_i) = \nu_a\lambda\big(\alpha(\lambda(w))a_i\big)$$
$$= F_i\big(\nu_a\lambda(w)\big)$$

für $i := 1, \ldots, p$. Also ist auch $\nu_a\lambda$ primitiv Wort-rekursiv.

Satz 4. *Es sei G eine Wortfunktion über dem Alphabet A. Dann gilt:*

a) Genau dann ist G primitiv Wort-rekursiv, wenn G primitiv rekursiv ist.

b) Genau dann ist G partiell Wort-rekursiv, wenn G partiell rekursiv ist.

Beweis. Wir haben bereits gesehen, dass die Eigenschaft, primitiv Wort-rekursiv zu sein, die Eigenschaft primitiv rekursiv zu sein nach sich zieht. Ebenso folgt aus der partiellen Wort-Rekursivität die partielle Rekursivität. Es bleibt die Umkehrung zu beweisen.

Es sei f die G darstellende arithmetische Funktion. Dann ist also

$$G(w_1, \ldots, w_n) = \alpha f\big(\lambda(w_1), \ldots, \lambda(w_n)\big).$$

Es sei wieder $\nu = \nu_{a_1}$. Dann folgt mit Satz 2, dass

$$G(w_1, \ldots, w_n) = T\big(\nu(f(\lambda(w_1), \ldots, \lambda(w_n)))\big)$$

ist.

a) Ist G primitiv rekursiv, so ist f primitiv rekursiv. Nach Satz 1 gibt es dann eine primitiv Wort-rekursive Funktion F mit

$$F\big(\nu(x_1), \ldots, \nu(x_n)\big) = \nu f(x_1, \ldots, x_n).$$

Es folgt

$$F\big(\nu\lambda(w_1), \ldots, \nu\lambda(w_n)\big) = \nu f\big(\lambda(w_1), \ldots, \lambda(w_n)\big)$$

und damit auf Grund unserer Vorbemerkung

$$G(w_1, \ldots, w_n) = T\nu f\big(\lambda(w_1), \ldots, \lambda(w_n)\big)$$
$$= TF\big(\nu\lambda(w_1), \ldots, \nu\lambda(w_n)\big).$$

Weil T, F und $\nu\lambda$ primitiv Wort-rekursiv sind, ist dann auch G primitiv Wort-rekursiv.

b) Ist G partiell rekursiv, so ist f partiell rekursiv. Nach Satz 1 gibt es dann eine partiell Wort-rekursive Funktion F mit

$$F\big(\nu\lambda(w_1), \ldots, \nu\lambda(w_n)\big) = \nu f\big(\lambda(w_1), \ldots, \lambda(w_n)\big)$$

Damit geht es dann weiter wie unter a).

Satz 4 löst das Versprechen ein, die primitiv rekursiven und partiell rekursiven Funktionen innerhalb der Wortfunktionen zu beschreiben.

15. Turingmaschinen. Es sei $A = \{a_0, a_1, \ldots, a_p\}$ eine Alphabet und $Q = \{q_0, q_1, \ldots, q_n\}$ sei eine Menge von *Zuständen*. Es sei $A \cap Q = \emptyset$. Der Buchstabe a_0 spielt eine Sonderrolle und wird meist mit 0 bezeichnet. Ebenso spielt q_0 eine Sonderrolle, es ist der *Endzustand*. Schließlich spielen noch zwei Buchstaben R und L eine Rolle, die für „rechts" und „links" stehen. Keiner dieser Buchstaben komme in $A \cup Q$ vor.

Ein *Turingprogramm* ist eine Abbildung τ von $(Q - \{q_0\}) \times A$ in $Q \times (A \cup \{R, L\})$.

Eine *Konstellation* ist ein Wort w aus $(A \cup Q)^*$, das die folgenden Bedingungen erfüllt:

a) Genau ein Buchstabe des Wortes w stammt aus Q.

b) Der letzte Buchstabe von w stammt aus A.

Ist x eine Konstellation, so definieren wir nun, wie τ auf x wirkt. In w kommt genau ein q_i vor. Ist $i = 0$, so stoppt das Programm. Ist $i \neq 0$, so folgt in x auf q_i wegen b) ein $a_k \in A$.

1. Fall: Es ist $\tau(q_i, a_k) = (q_j, a_l)$. (Dafür schreiben wir in Zukunft $\tau(q_i a_k) = q_j q_l$, bzw. $q_i a_k \rightarrow q_j a_l$.) Hier setzen wir

$$\tau(x) := \mathrm{Sb}(x; q_i a_k, q_j a_l).$$

2. Fall: Es ist $\tau(q_i a_k) = q_j L$. Steht dann links von q_i ein a_m, so setzen wir

$$\tau(x) := \mathrm{Sb}(x; a_m q_i a_k, q_j a_m a_k).$$

Steht links von q_i nichts mehr, so setzen wir

$$\tau(x) := \mathrm{Sb}(x; q_i a_k, q_j 0 a_k).$$

Hier sieht man die Sonderrolle von $a_0 = 0$. Neu zu erzeugende „Felder"
werden mit diesem Buchstaben initialisiert. Entsprechendes geschieht
auch im nächsten Fall.

3. Fall: Es ist $\tau(q_i a_k) = q_j R$. Steht dann rechts von a_k ein a_m, so
setzen wir

$$\tau(x) := \mathrm{Sb}(x; q_i a_k a_m, a_k q_j a_m).$$

Steht rechts von a_k kein Buchstabe mehr, so setzen wir

$$\tau(x) := \mathrm{Sb}(x; q_i a_k a_m, a_k q_j 0).$$

Es ist klar, dass τ aus einer Konstellation wieder eine Konstellation
macht, so dass τ als Abbildung der Menge der Konstellationen in sich
aufgefasst werden kann. Von daher ist dann klar, was wir unter τ^i zu
verstehen haben.

Berechnet werden im Folgenden Wörter über dem *reduzierten Alphabet* $\{a_1, \ldots, a_p\}$.

Ist x eine Konstellation, so bezeichne x^* dasjenige Wort über dem
reduzierten Alphabet, das aus x entsteht, wenn man in x alle vorkommenden a_0 und den vorkommenden Zustand q_i streicht.

Sind $x = x^*$ und $y = y^*$ zwei im reduzierten Alphabet geschriebene
Wörter, so sagen wir, *x werde von τ in y verarbeitet*, wenn es ein $i \in \mathbf{N}$
gibt mit

$$q_0 \, \epsilon \, \tau^i(q_1 0 x)$$

und

$$y = \left(\tau^i(q_1 0 x)\right)^*.$$

Gibt es kein i mit $q_0 \, \epsilon \, \tau^i(q_1 0 x)$, so heißt τ auf x *nicht anwendbar*. Wir
nennen q_1 den *Anfangszustand*.

Ist τ ein Turingprogramm, so definieren wir die Wortfunktion f_τ
über dem reduzierten Alphabet $\{a_1, \ldots, a_p\}$ durch

$$f_\tau(x) = y,$$

wenn x von τ in y verarbeitet wird. Ist τ auf x nicht anwendbar, so ist
$f_\tau(x)$ nicht definiert.

Ist f eine Wortfunktion über dem wie immer eingeschränkten Alphabet $\{a_1, \ldots, a_p\}$, so heißt f *Turing-berechenbar*, falls es ein Turingprogramm τ gibt mit $f = f_\tau$.

Wir möchten natürlich auch n-stellige Wortfunktionen berechnen.
Dazu gehen wir wie folgt vor. Es seien $y, x_1, \ldots, x_n$ Wörter über dem
eingeschränkten Alphabet $\{a_1, \ldots, a_p\}$. Das Programm τ *verarbeitet
das n-Tupel* $x_1, \ldots, x_n$ *in das Wort* y, wenn es eine natürliche Zahl i
gibt mit

$$q_0 \, \epsilon \, \tau^i(q_1 0 x_1 0 x_2 0 \ldots 0 x_n)$$

und

$$y = \tau^i(q_1 0 x_1 0 x_2 0 \ldots x_n)^*.$$

Gibt es kein i mit $q_0 \in \tau^i(q_1 0 x_1 0 \ldots 0 x_n)$, so heißt τ auf x_1, ..., x_n *nicht anwendbar*. Wir definieren f_τ^n durch

$$f_\tau^n(x_1, \ldots, x_n) = y,$$

wenn x_1, ..., x_n durch τ in y verarbeitet wird, während

$$f_\tau^n(x_1, \ldots, x_n)$$

undefiniert bleibt, wenn τ auf x_1, ..., x_n nicht anwendbar ist.

Ist $\{a_1, \ldots, a_k\}$ Teilalphabet von A und ist f eine n-stellige Wortfunktion über diesem Teilalphabet, so wird f von dem Turingprogramm τ berechnet, wenn

$$f(x_1, \ldots, x_n) = f_\tau^n(x_1, \ldots, x_n)$$

ist für alle x_1, ..., $x_n \in \{a_1, \ldots, a_k\}^*$. Gibt es ein solches τ, so heißt f *Turing-berechenbar*. Wir werden demnächst statt Turing-berechenbar auch nur berechenbar sagen, da wir keine andere als Turing-Berechenbarkeit untersuchen werden.

Satz 1. *Alle Turing-berechenbaren Wortfunktionen sind partiell rekursiv.*

Beweis. Es sei f eine Wortfunktion im Alphabet A und f sei berechenbar. Dann gibt es ein Alphabet B mit $A \subseteq B$ und ein Turingprogramm τ, welches Wörter von B verarbeitet, so dass $f(w) = f_\tau^n(w)$ ist für alle $w \in A^*$. Aufgrund von Satz 4 b) von Abschnitt 12 dürfen wir annehmen, dass $A = B$ und dass $f = f_\tau^n$ ist.

Es sei $A = \{0, a_1, \ldots, a_p\}$ das zu Grunde liegende Alphabet und $Q = \{q_0, q_1, \ldots, q_n\}$ sei die Menge der Zustände von τ. Es sei an die oben eingeführten Substitutionen erinnert, die wir nun wie folgt schreiben:

$$q_i a_k \to q_j a_l$$
$$a_m q_i a_k \to q_j a_m a_k$$
$$q_i a_k \to q_j 0 a_k, \quad \text{falls links von } q_i \text{ kein Buchstabe mehr steht}$$
$$q_i a_k a_m \to a k q_j a_m$$
$$q_i a_k \to a_k q_j 0, \quad \text{falls rechts von } a_k \text{ kein Buchstabe mehr steht}$$

Wir kürzen sie nun ab mit

$$b_1 \to c_1, \quad b_2 \to c_2, \quad \ldots, \quad b_t \to c_t.$$

Ist nun w irgendein Wort im Alphabet $A \cup Q$, so suchen wir das kleinste i, so dass b_i in w vorkommt, und ersetzen das erste Vorkommen von b_i in w durch c_i. Dieses neue Wort nennen wir $w^{(1)}$. Kommt kein b_i in w vor, so setzen wir $w^{(1)} = w$. Ist w eine Konstellation, so ist $w^{(1)} = \tau(w)$.

Wir setzen $w^{(0)}a := w$ und $w^{(i+1)} := w^{(i)(1)}$. Dann hat $w^{(i)}$ für jedes Wort im erweiterten Alphabet einen definierten Wert. Ist w eine Konstellation, so ist

$$w^{(i)} = \tau^i(w).$$

Wir setzen $B := A \cup Q$. Für $a \in B^*$ bezeichne $|a|$ die Anzahl der Buchstaben, die in a vorkommen, Vielfachheiten gezählt. Wir definieren dann die zweistellige Wortfunktion V im Alphabet B durch

$$V(a,x) := x^{(|a|)}.$$

Dann gilt

$$V(\Lambda, x) = x.$$

Für $z \in B$ gilt zunächst $V(az, x) = V(a,x)^{(1)}$ und daher

$$V(az, x) = \begin{cases} \mathrm{Sb}(V(a,x); b_1, c_1), & \text{falls } b_1 \, \epsilon \, V(a,x) \\ \mathrm{Sb}(V(a,x); b_2, c_2), & \text{falls } b_1 \, \epsilon\!\!\!/ \, V(a,x), \, b_2 \, \epsilon \, V(a,x) \\ \vdots \\ V(a,x), & \text{falls } b_1 \, \epsilon\!\!\!/ \, V(a,x), \, \dots, \, b_t \, \epsilon\!\!\!/ \, V(a,x) \end{cases}$$

Nach den Entwicklungen von Abschnitt 13 ist dieses Schema für V äquivalent der primitiven Wortrekursion für V mit den Funktionen $G(x) = x$ und

$$H(a,x,y) = W_t\big(\mathrm{Sb}(y; b_1, c_1), \dots, \mathrm{Sb}(y; b_t, c_t), y; E(b_1, y), \dots, E(b_t, y)\big).$$

Dabei war $E(x, y)$ definiert durch

$$E(x,y) = \begin{cases} \Lambda, & \text{falls } x \, \epsilon \, y, \\ x, & \text{falls } x \, \epsilon\!\!\!/ \, y. \end{cases}$$

Weil alle involvierten Funktionen primitiv rekursiv sind, ist auch V primitiv rekursiv.

Die Funktion f_r^n ist im reduzierten Alphabet $A_r = \{a_1, \dots, a_p\}$ definiert. Wir definieren $f_{r,0}^n$ in B durch

$$f_{r,0}^n(x_1, \dots, x_n) := \begin{cases} f_r^n(x_1, \dots, x_n), & \text{falls } x_1, \dots, x_n \in A_r^*, \\ \text{nicht definiert sonst.} \end{cases}$$

Die Graphen dieser beiden Funktionen stimmen also überein. Wir werden nun zeigen, dass der Graph von $f_{r,0}^n$ rekursiv aufzählbar ist. Dann ist auch der Graph von f_τ^n rekursiv aufzählbar, so dass die Funktion f_τ^n nach Früherem partiell rekursiv ist.

Sind $x_1, \ldots, x_n, y$ Wörter im erweiterten Alphabet, so gilt genau dann

$$f_{\tau,0}^n(x_1, \ldots, x_n) = y,$$

wenn die Wörter

A) $x_1, \ldots, x_n$ die Buchstaben $0, q_0, \ldots q_m$ nicht enthalten

und es ein Wort a gibt mit

B) q_0 ist in $V(a, q_1 0 x_1 0 \ldots 0 x_n)$ enthalten

und

C) $y = \big(V(a, q_1 0 x_1 0 \ldots 0 x_n)\big)^*$

gilt. Nun ist

$0 \notin x_i$ genau dann, wenn $\Lambda = E(x_i, \mathrm{Sb}_0(x_i, \Lambda))$.

$q_j \notin x_i$ genau dann, wenn $\Lambda = E(x_i, \mathrm{Sb}_{q_j}(x_i, \Lambda))$.

$q_0 \in V(a, q_1 0 x_1 0 \ldots 0 x_n)$ genau dann, wenn $\Lambda = E(a_0, V(a, q_1 0 \ldots 0 x_n))$.

$y = V(a, q_1 0 x_1 0 \ldots 0 x_n)^*$ genau dann, wenn

$$\Lambda = E\big(y, V(a, q_1 0 x_1 0 \ldots 0 x_n)^*\big) E\big(V(a, q_1 0 x_1 0 \ldots 0 x_n)^*, y\big).$$

Es sei nun $G(x_1, \ldots, x_n, a, y)$ die Konkatenation aller rechten Seiten der gerade aufgestellten Gleichungen. Dann ist G primitiv rekursiv, da alle involvierten Funktionen primitiv rekursiv sind. Der Graph von $f_{\tau,0}^n$ besteht nun aus genau den $(x_1, \ldots, x_n, y)$, für die es ein a gibt mit

$$G(x_1, \ldots, x_n, y, a) = \Lambda,$$

denn dies ist gleichbedeutend mit dem Erfülltsein aller Bedingungen, die wir aus den Bedingungen A), B) und C) hergeleitet haben. Damit ist $f_{\tau,0}^n$ nach Satz 5 von Abschnitt 11 partiell rekursiv. Nach Satz 4 b) von Abschnitt 12 ist dann auch f_τ^n partiell rekursiv. Damit ist Satz 1 bewiesen.

16. Programme. Wir werden nun Programme aufstellen, um gewisse Funktionen zu berechnen, die es uns am Ende dann gestatten werden zu zeigen, dass alle partiell rekursiven Funktionen berechenbar sind.

Im Folgenden sei $A = \{0, a_1, \ldots, a_p\}$ und $B = \{a_1, \ldots, a_p\}$. Bei den Zuständen halten wir uns nicht sklavisch daran, dass sie nur einen unteren Index tragen, vielmehr werden wir immer den Buchstaben q wählen, diesen aber mit den unterschiedlichsten unteren wie oberen Indizes versehen. Zunächst aber behandeln wir die alles beherrschende

Komposition von Turingprogrammen. *Es seien σ und τ Turingprogramme, die über dem gleichen Alphabet definiert seien. Es seien*

$\{q_0, \ldots, q_n\}$ *die Zustände von* τ *und* $\{Q_0, \ldots, Q_m\}$ *die Zustände von* σ. *Behalte* Q_0 *bei, und setze* $q_{i+n} := Q_i$ *für* $i := 1, \ldots, m$. *Ersetze* q_0 *durch* q_{n+1}. *Wir definieren das Programm* $\sigma\tau$ *durch*

$$\sigma\tau(q_i a_k) := \begin{cases} \tau(q_i a_k), & \text{falls } i \leq n, \\ \sigma(Q_{i-n}, a_k), & \text{falls } i > n. \end{cases}$$

Dann gilt: Ist

$$\tau : u q_1 v \Rightarrow u_1 q_0 v_1$$
$$\sigma : u_1 Q_1 v_1 \Rightarrow u_2 Q_0 v_2,$$

so ist

$$\sigma\tau : u q_1 v \Rightarrow u_2 Q_0 v_2.$$

Beweis. $\sigma\tau$ macht aus $u q_1 v$ zunächst $u_1 q_{n+1} v_1$. Dies wird dann von $\sigma\tau$ in $u_2 Q_0 v_2$ weiterverarbeitet.

Rechtsverschiebung der Null. *Für* $w \in B^*$ *beschreiben wir ein Programm* τ_A *mit dem Effekt* $q_1 00 w 0 \Rightarrow q_0 0 w 00$.

Wir schreiben zunächst das Programm auf, wobei wir uns auf die Teile beschränken, die wirklich aufgerufen werden.

$$
\begin{array}{ll}
\hline
q_1 0 \rightarrow q_2 R & \\
\hline
q_2 0 \rightarrow q_3 R & \\
q_3 a_i \rightarrow q_i^1 0 & \text{für } i := 1, \ldots, p \\
q_i^1 0 \rightarrow q_i^{11} L & \text{für } i := 1, \ldots, p \\
q_i^{11} 0 \rightarrow q_4 a_i & \text{für } i := 1, \ldots, p \\
q_4 a_i \rightarrow q_2 R & \text{für } i := 1, \ldots, p \\
\hline
q_3 0 \rightarrow q_4 L & \\
q_4 0 \rightarrow q_5 L & \\
q_5 a_i \rightarrow q_5 L & \text{für } i := 1, \ldots, p \\
q_5 0 \rightarrow q_0 0. & \\
\hline
\end{array}
$$

Wir verfolgen dies an dem Beispiel $w = a_k y$. Man erhält dann der Reihe nach

$$0 q_2 0 w 0$$
$$0 0 q_3 a_k y 0$$
$$0 0 q_k^1 0 y 0$$
$$0 q_k^{11} 0 0 y 0$$
$$0 q_4 a_k 0 y 0$$
$$0 a_k q_2 0 y 0.$$

Damit ist man wieder am Anfang der Schleife. Sie endet mit

$$0 w q_2 0 0.$$

Das wird aber erst im nächsten Schritt erkannt.

$$0w0q_30.$$

Es geht dann weiter mit $0wq_400$ und einer weiteren Schleife, die mit q_50w00 und dann mit q_00w00 endet. Dieses Programm funktioniert auch für $w = \Lambda$.

Man beachte, dass das Verschieben der Null *in situ* geschieht, dass also keine neuen Felder erzeugt werden.

Linksverschiebung. *Für $w \in B^*$ beschreiben wir ein Programm τ_L mit der Wirkung $0wq_10 \Rightarrow q_00w0$.*

Wir schreiben wieder nur den Teil des Programmes auf, der wirklich benutzt wird.

$$q_10 \to q_2L$$
$$q_2a_i \to q_2L \quad \text{für } i := 1, \ldots, p$$
$$q_20 \to q_00.$$

Rechtsverschiebung. *Für $w \in B^*$ beschreiben wir ein Programm τ_R mit der Wirkung $q_1w0 \Rightarrow 0wq_00$.*

Auch hier schreiben wir nur den Teil auf, der wirklich interessiert.

$$q_10 \to q_2R$$
$$q_2a_i \to q_2R \quad \text{für } i := 1, \ldots, p$$
$$q_20 \to q_00.$$

Linksverschiebung der Null. *Wir beschreiben ein Programm τ_B mit dem Effekt $0wq_100 \Rightarrow 0q_00w0$ für alle $w \in B^*$.*

Hier benutzen wir zum ersten Mal die Komposition von Turingprogrammen, indem wir sagen: Linksverschiebung macht aus $0wq_100$ die Konstellation q_20w00. Dann geht es weiter

$$q_20 \to q_3R$$
$$q_30 \to q_00$$
$$q_3a_i \to q_3^i0 \quad \text{für } i := 1, \ldots, p$$
$$q_3^i0 \to q_4^iR \quad \text{für } i := 1, \ldots, p$$
$$q_4^ia_j \to q_5^ja_i \quad \text{für } i := 1, \ldots, p$$
$$\quad\quad\quad \text{und } j := 1, \ldots, p$$
$$q_5^ja_i \to q_4^iR \quad \text{für } i := 1, \ldots, p$$
$$\quad\quad\quad \text{und } j := 1, \ldots, p$$
$$q_4^j0 \to q_6a_j \quad \text{für } j := 1, \ldots, p$$
$$q_6a_j \to q_6R \quad \text{für } j := 1, \ldots, p.$$

Hier haben wir $00wq_60$, so dass Linksverschiebung τ_L das gewünschte Ergebnis liefert.

Da die symmetrische Gruppe von Transpositionen erzeugt wird, kann man sich vorstellen, dass das nächste Programm sehr nützlich ist, welches zwei Wörter *in situ* miteinander vertauscht.

Transposition zweier Wörter. *Hier beschreiben wir ein Programm, welches für v, $w \in B^*$ die Wirkung $0vq_1 0w0 \Rightarrow 0wq_0 0v0$ hat.*

1. Schritt: Das Programm τ_R liefert mit q_3 an Stelle von q_0

$$0vq_1 0w0 \Rightarrow 0v0wq_3 0.$$

2. Schritt: Als Nächstes beschreiben wir ein Unterprogramm mit

$$0v0wq_3 0 \Rightarrow 0vq_5 w00.$$

Dies leistet das folgende Programmstück:

$$
\begin{aligned}
q_3 0 &\to q_4 L \\
q_4 0 &\to q_5 0 \\
q_4 a_i &\to q_i^1 0 \quad \text{für } i := 1, \ldots, p \\
q_i^1 0 &\to q_i^2 L \quad \text{für } i := 1, \ldots, p \\
q_i^2 a_j &\to q_j^3 a_i \quad \text{für } i := 1, \ldots, p \\
& \qquad\qquad \text{und } j := 1, \ldots, p \\
q_j^3 a_i &\to q_j^2 L \quad \text{für } i := 1, \ldots, p \\
& \qquad\qquad \text{und } j := 1, \ldots, p \\
q_j^2 0 &\to q_5 a_j \quad \text{für } j := 1, \ldots, p.
\end{aligned}
$$

3. Schritt: Um Induktion nach der Länge von v machen zu können, beschreiben wir hier ein Programm mit dem Effekt

$$0vq_5 w0u0 \Rightarrow 0wq_0 0vu0.$$

Der uns wirklich interessierende Fall ist der mit $u = \Lambda$.

$q_5 0$. Dies ist der Fall, der im zweiten Schritt offen gelassen wurde. In diesem Fall ist $w = \Lambda$, dh., das zu bearbeitende Wort ist $0vq_5 0u0$. Verschiebung der Null nach links liefert

$$0q_0 0vu = 0wq_0 0vu0.$$

und unser Ziel ist erreicht.

Es sei also $w \neq \Lambda$. Dann geht es weiter mit

$$q_5 a_i = a_6 L \quad \text{für } i := 1, \ldots, p.$$

$q_6 0$. In diesem Fall ist $v = \Lambda$, dh., das zu bearbeitende Wort ist $q_6 0w0u0$. Rechtsverschiebung liefert

$$0wq_0 0u0 = 0wq_0 0vu0,$$

so dass wir auch hier unser Ziel erreicht haben.

Es seien also v, $w \neq \Lambda$. Ist $v = xa_k$, so haben wir die Konstellation

$$0xq_6a_kw0u0.$$

Es geht nun weiter wie folgt:

$$
\begin{aligned}
q_6a_i &\to q_i^4 0 \quad &&\text{für } i := 1, \ldots, p\\
q_i^4 0 &\to q_i^5 R \quad &&\text{für } i := 1, \ldots, p\\
q_i^5 a_j &\to q_i^5 R \quad &&\text{für } i := 1, \ldots, p\\
& &&\text{und } j := 1, \ldots, p\\
q_i^5 0 &\to q_7 a_i \quad &&\text{für } i := 1, \ldots, p
\end{aligned}
$$

Ist $w = ya_l = a_m z$, so haben wir jetzt

$$0x0wq_7a_ku0 = 0x0ya_lq_7a_ku0.$$

Es geht weiter mit

$$q_7a_i \to q_8 L \quad \text{für } i := 1, \ldots, p.$$

Hier haben wir

$$0x0yq_8a_la_ku0.$$

Es geht dann weiter

$$q_8a_i \to q_i^8 0 \quad \text{für } i := 1, \ldots, p$$

mit dem Effekt

$$0x0yq_8^k0a_ku0.$$

Nun muss man y durch z ersetzen.

$$
\begin{aligned}
q_i^8 0 &\to q_i^7 L \quad &&\text{für } i := 1, \ldots, p\\
q_i^7 a_j &\to q_j^9 a_i \quad &&\text{für } i := 1 \ldots, p\\
& &&\text{und } j := 1, \ldots, p\\
q_j^9 a_i &\to q_j^7 L \quad &&\text{für } i := 1, \ldots, p\\
& &&\text{und } j := 1, \ldots, p
\end{aligned}
$$

Hier ist nun

$$0xq_7^m0z0a_ku0.$$

Mit

$$q_j^7 0 \to q_5 a_j \quad \text{für } j := 1, \ldots, p.$$

erhält man schließlich

$$0xq_5a_mz0a_ku0 = 0xq_5w0a_ky0.$$

Ferner ist $|x| = |v| - 1$. Nach $|v|$ Schritten hat man also in der Tat $0wq_00vu0$ erreicht.

Verdoppeln eines Wortes. *Wir beschreiben ein Programm mit dem Effekt* $q_10w0^{|w|+3} \Rightarrow q_00w0w00$ *für* $w \in B^*$.

$$q_10 \to q_2R$$
$$q_2a_i \to q_2R \quad \text{für } i := 1, \dots, p$$

Dann haben wir die Konstellation

$$0wq_20\Lambda0\Lambda0^{|w|}0.$$

Es sei $w = xy$ und wir nehmen an, wir hätten bereits die Konstellation

$$0xa_20y0y0^{|x|}0.$$

Es geht weiter mit

$$q_20 \to q_3L$$

Ist $x = \Lambda$, so haben wir die Situation $q_300w0w0$. Zweimalige Rechtsverschiebung der Null liefert die Konstellation $0w0wq_{31}00$. Zweimaliges Linksverschieben liefert $q_00w0w00$. Es sei $x \neq \Lambda$ und $x = za_k$. Dann haben wir die Konstellation

$$0zq_3a_k0y0y0^{|x|}0$$

Es geht weiter mit

$$q_3a_i \to q_4^i0 \qquad \text{für } i := 1, \dots, p$$
$$q_4^i0 \to q_5i5R \qquad \text{für } i := 1, \dots, p$$
$$q_5^i0 \to q_6^ia_i \qquad \text{für } i := 1, \dots, p$$
$$q_6^ia_j \to q_6^iR \qquad \text{für } i := 1, \dots, p$$
$$\text{und } j := 1, \dots, p$$
$$q_6^i0 \to q_7^iR \qquad \text{für } i := 1, \dots, p$$
$$q_7^ia_j \to q_8^ja_i \qquad \text{für } i := 1, \dots, p$$
$$\text{und } j := 1, \dots, p$$
$$q_8^ja_i \to q_7^jR \qquad \text{für } i := 1, \dots, p$$
$$\text{und } j := 1, \dots, p$$
$$q_7^j0 \to q_8a_j \qquad \text{für } j := 1, \dots, p$$
$$q_8a_j \to q_9R$$

Damit haben wir die Konstellation

$$0z0a_ky0a_kyq_90^{|z|}0.$$

Zweimaliges Linksverschieben liefert

$$0zq_20a_ky0a_ky0^{|z|}0.$$

Wegen $|z| = |x| - 1$ kommen wir nach endlich vielen Schritten ans Ziel.

Mit Hilfe des Verdoppelns eines Wortes und dem Transponieren zweier Wörter sind wir nun in der Lage, auch durch Nullen getrennte Wörter zu kopieren.

Kopieren. *Für $w_1, \ldots, w_n \in B^*$ beschreiben wir ein Programm κ_n mit dem Effekt*

$$q_1 0 w_1 0 \ldots x_n \Rightarrow 0 w_1 0 \ldots 0 w_n q_0 0 w_1 \ldots w_n.$$

Dabei wird links nichts angebaut.

Rechtsverschiebung τ_R liefert

$$0 w_1 q_2 0 w_2 0 \ldots 0 w_n.$$

Transponieren τ_T liefert

$$0 w_2 q_3 0 w_1 0 \ldots w_n$$

$\tau_T \tau_R$ insgesamt $(n-1)$-mal ausgeführt liefert (wir schreiben nur noch q ohne Index)

$$0 w_2 0 \ldots 0 w_n q 0 w_1.$$

Verdoppeln liefert

$$0 w_2 0 \ldots 0 w_n q 0 w_1 0 w_1.$$

Nach $(n-1)$-maligem Transponieren haben wir

$$q 0 w_1 0 w_2 0 \ldots 0 w_n 0 w_1.$$

Nach n-maligem Verschieben nach rechts haben wir

$$0 w_1 0 \ldots 0 w_n q 0 w_1.$$

Weiteres $(n-1)$-maliges Transponieren liefert

$$0 w_1 q 0 w_1 0 w_2 0 \ldots w_n.$$

Rechtsverschiebung liefert

$$0 w_1 0 w_1 q 0 w_2 0 \ldots w_n.$$

Dieser Zustand stößt κ_{n-1} an. Dies liefert

$$0 w_1 0 w_1 0 w_2 0 \ldots 0 w_n q 0 w_2 0 \ldots 0 w_n.$$

$(n-1)$-maliges Verschieben nach links ergibt

$$0w_10w_1q0w_20\ldots0w_n0w_20\ldots0w_n.$$

Nach $(n-1)$maligem Transponieren erhalten wir schließlich

$$0w_10w_20\ldots w_nq_00w_10w_20\ldots0w_n.$$

17. Finale. In diesem letzten Abschnitt wollen wir nun zeigen, dass alle partiell rekursiven Wortfunktionen Turing-berechenbar sind. Dazu zeigen wir, dass die Startfunktionen es sind und dass primitive Wortrekursion und Wortminimierung aus Funktionen, die Turing-berechenbar sind, ebensolche macht.

Es sei im Folgenden $A = \{a_1, \ldots, a_p\}$ und $A_0 = A \cup \{0\}$.

Satz 1. *Die durch $O(w) = \Lambda$ für alle $w \in A^*$ definierte Funktion O ist Turing-berechenbar.*

Beweis. Wir geben ein Programm an, das q_10w0 in $q_000^{|w|+1}$ überführt.

$$
\begin{aligned}
q_10 &\to q_2R \\
q_2a_i &\to q_2R &&\text{für } i := 1,\ldots,p \\
q_20 &\to q_3L \\
q_3a_i &\to q_40 &&\text{für } i := 1,\ldots,p \\
q_40 &\to q_3L &&\text{für } i := 1,\ldots,p \\
q_30 &\to q_00.
\end{aligned}
$$

Dieses Programm funktioniert auch für $w = \Lambda$. Es folgt ja der Reihe nach $q_100 \to 0q_20 \to q_300 \to q_000$.

Satz 2. *Die für $i := 1, \ldots, p$ durch $S_i(w) = wa_i$ definierte Funktion S_i ist Turing-berechenbar.*

Beweis. Hier geben wir ein Programm mit $q_10w0 \Rightarrow q_00wa_i$.

$$
\begin{aligned}
q_10 &\to q_2R \\
q_2a_j &\to q_2R &&\text{für } j := 1,\ldots,p \\
q_20 &\to q_3a_i \\
q_3a_j &\to q_3L &&\text{für } j := 1,\ldots,p \\
q_30 &\to q_00.
\end{aligned}
$$

Auch dieses Programm funktioniert für $w = \Lambda$.

Satz 3. *Die durch $\Pi_n^i(w_1, \ldots, w_n) = w_i$ definierten Projektionsfunktionen Π_n^i sind Turing-berechenbar.*

Beweis. Hier geben wir ein Programm an mit dem Effekt

$$q_10w_10\ldots0w_n0 \Rightarrow q_00w_i0^{|w_1|+\ldots|w_n|-|w_i|+n}$$

Wendet man die Rechtsverschiebung τ_R insgesamt $(i - 1)$-mal an, so erhält man

$$0w_10\ldots q_{n,i}0w_i0\ldots 0w_n0$$

Ist $n = i = 1$, so haben wir die Situation

$$q_{11}0w_10.$$

Hier setzen wir, umständlich, wie es scheint,

$$q_{11}0 \to q_1^10$$
$$q_1^10 \to q_00.$$

Die Umständlichkeit dient dem Zwecke, dass die folgende Induktion ohne Umschweife funktioniert.

Ist $n > 1$ und $i = 1$, so haben wir die Situation

$$q_{n1}0w_10\ldots 0w_n0.$$

Durch $(n - 1)$-malige Rechtsverschiebung erhalten wir

$$0w_10\ldots q_n^n0w_n0.$$

Das Programm τ_O und anschließende Linksverschiebung liefert

$$0w_10\ldots q_{n-1}^{n-1}0w_{n-1}00^{|w_n|+1}.$$

Die Schleife, sie hat die feste Länge n, wobei τ_O jedoch nur $(n-1)$-mal angewandt wird, endet mit

$$q_1^10w_100^{|w_2|+\ldots+|w_n|+n-1}$$

und dann

$$q_00w_10^{|w_2|+\ldots+|w_n|+n}.$$

Ist schließlich $n > 1$ und $i > 1$, so haben wir die Situation

$$0w_10\ldots 0w_{i-1}q_{ni}0w_i0\ldots 0w_n.$$

Weil $i - 1 \geq 1$ ist, können wir τ_T anwenden. Wir erhalten

$$0w_10\ldots 0w_iq_{ni}^*0w_{i-1}0\ldots 0w_n0.$$

Eine weitere Linksverschiebung liefert

$$0w_10\ldots q_{n,i-1}0w_i0w_{i-1}0\ldots 0w_n0.$$

Dieses Spiel endet mit

$$q_{n1}0w_i0w_10\ldots0w_{i-1}0w_{i+1}0\ldots0w_n0.$$

Hier spielt nun w_i die Rolle, die zuvor w_1 gespielt hat. Es folgt

$$q_00w_i0^{|w_1|+\ldots+|w_n|-|w_i|+n}.$$

Damit ist Satz 3 bewiesen.

Satz 4. *Es sei g eine n-stellige und $g_1, \ldots, g_n$ seien m-stellige Funktionen. Sind g, $g_1, \ldots, g_n$ Turing-berechenbar, so ist auch die durch*

$$h(w_1,\ldots w_m) := g\big(g_1(w_1,\ldots,w_m),\ldots,g_n(w_1,\ldots,w_m)\big)$$

definierte Funktion h Turing-berechenbar.

Beweis. Wir konstruieren ein Programm mit

$$q_10w_10\ldots0w_n \Rightarrow q_00h(w_1,\ldots,w_n),$$

wobei $h(w_1,\ldots,w_n)$ noch von einer endlichen Anzahl Nullen gefolgt sein kann.

Gegeben seien also Programme τ, $\tau_1, \ldots, \tau_n$, die die Funktionen g, $g_1, \ldots, g_n$ berechnen. Setze

$$V := w_10\ldots0w_m.$$

$(n-1)$-maliges Kopieren liefert

$$0V0\ldots q_n0V.$$

Wir nehmen an, wir hätten bereits

$$0g_{i+1}(w_1,\ldots,w_m)0\ldots0g_n(w_1,\ldots,w_m)0V0\ldots q_i0V,$$

evt. gefolgt von einigen Nullen. Der Zustand q_i stoße τ_i an. Das liefert

$$0g_{i+1}(w_1,\ldots,w_m)0\ldots0g_n(w_1,\ldots,w_m)0V0\ldots q_i'0g_i(w_1,\ldots,w_m).$$

Das Wort V steht noch $(i-1)$-mal da. Also ergeben $(i-1)m+n-i$ Transpositionen gefolgt von einer Linksverschiebung

$$q_i''0g_i(w_1,\ldots,w_m)0\ldots0g_n(w_1,\ldots,w_m)0V0\ldots0V.$$

Ist $i>1$, so liefert $(n-i+1+(i-2)m)$-malige Verschiebung nach rechts

$$0g_i(w_1,\ldots,w_m)0\ldots0g_n(w_1,\ldots,w_m)0V0\ldots q_{i-1}0V.$$

Damit sind wir dann einen Schritt weiter. Ist $i = 1$, so stößt q_1'' das Programm τ an. Dieses liefert schließlich

$$q_0 0 g\big(g_1(w_1, \ldots, w_m), \ldots, g_n(w_1, \ldots, w_m)\big) = q_0 0 h(w_1, \ldots, w_m).$$

Damit ist der Satz bewiesen.

Satz 5. *Die n-stellige Funktion g und die $(n+2)$-stelligen Funktionen $h_1, \ldots, h_p$ seien Turing-berechenbar. Ist dann f durch die primitive Wortrekursion*

$$f(w_1, \ldots, w_n, \Lambda) = g(w_1, \ldots, w_n)$$

und

$$f(w_1, \ldots, w_n, x a_i) = h_i\big(w_1, \ldots, w_n, x, f(w_1, \ldots, w_m, x)\big)$$

für $i := 1, \ldots, p$ definiert, so ist auch f Turing-berechenbar.

Beweis. Wir entwerfen ein Programm mit dem Effekt

$$q_1 0 w_1 0 \ldots 0 w_n 0 x 0 0 \Rightarrow q_0 0 f(w_1, \ldots, w_n, x),$$

evt. gefolgt von endlich vielen Nullen.

Mit n-maliger Rechtsverschiebung erhalten wir

$$0 w_1 0 \ldots 0 w_n q_2 0 x 0 0.$$

Durch n-maliges Transponieren jeweils gefolgt von einer Linksverschiebung erhalten wir

$$q_3 0 x 0 w_1 0 \ldots w_n 0 0 = q_3 0 x 0 w_1 0 \ldots w_n 0 \Lambda 0.$$

Rechtsverschiebung und Kopieren liefert

$$0 x 0 w_1 0 \ldots 0 w_n 0 q_5 0 w_1 0 \ldots 0 w_n 0.$$

Der Zustand q_5 stößt das Program zur Berechnung von g an. Also

$$0 x 0 w_1 0 \ldots 0 w_n 0 q_6 0 g(w_1, \ldots, w_n),$$

und somit

$$0 x 0 w_1 0 \ldots 0 w_n 0 q_6 0 f(w_1, \ldots, w_n, \Lambda).$$

Rechtsverschiebung der Null liefert

$$0 x 0 w_1 0 \ldots 0 w_n 0 f(w_1, \ldots, w_n, \Lambda) q_7 0.$$

Linksverschiebung und $(n+1)$-maliges Transponieren erzielt

$$0f(w_1,\ldots,w_n,\Lambda)q_90x0w_10\ldots0w_n0.$$

Rechtsverschiebung gibt

$$0f(w_1,\ldots,w_n,\Lambda)0xq_{10}0w_10\ldots0w_n0.$$

Angenommen es sei $x = bc$ und wir hätten bereits

(Σ) $\qquad\qquad 0f(w_1,\ldots,w_n,b)0cq_{10}0w_10\ldots0w_n0b.$

Kopieren und wieder zurückgehen liefert

$$0f(w_1,\ldots,w_n,b)q_{11}0c0w_10\ldots0w_n0b0w_10\ldots0w_n0b.$$

Dann

$$q_{11}0 \to q_{12}R.$$

Dann haben wir

$$0f(w_1,\ldots,w_n,b)0q_{12}c0w_1\ldots0w_n0b0w_1\ldots0w_n0b.$$

Ist nun $c = \Lambda$, dies erkennt man daran, dass $q_{12}0$ Teilwort des langen Wortes ist, so ergibt Linksverschiebung und Anstoßen des Programms zur Berechnung von Π^1_{2n+4} das Ergebnis

$$q_00f(w_1,\ldots,w_n,x)0\ldots0.$$

Ist $c \neq \Lambda$, so ist $c = a_sz$ und es geht weiter wie folgt.

$$\begin{aligned}
q_{12}a_k &\to q^k_{12}R \quad &\text{für } k := 1,\ldots,p \\
q^k_{12}a_j &\to q^k_{12}R \quad &\text{für } k := 1,\ldots,p \\
& &\text{und } j := 1,\ldots,p.
\end{aligned}$$

Dies endet mit

$$0f(w_1,\ldots,w_n,b)0cq^s_{12}0w_10\ldots0w_n0b0w_10\ldots0w_n0b.$$

Es folgt

$$\begin{aligned}
q^k_{12}0 &\to q^k_{12,1}R \quad &\text{für } k := 1,\ldots,p \\
q^k_{12,l}a_j &\to q^k_{12,l}R \quad &\text{für } k := 1,\ldots,p \\
& &\text{und } j := 1,\ldots,p \\
& &\text{und } l := 1,\ldots,n+1 \\
q^k_{12,l}0 &\to q^k_{12,l+1}R \quad &\text{für } k := 1,\ldots,p \\
& &\text{und } l := 1,\ldots,n.
\end{aligned}$$

Dies endet mit

$$0f(w_1, \ldots, w_n, b)0c0w_10 \ldots w_n0bq_{12,n+1}^s0w_10 \ldots 0w_n0b.$$

Weiter.

$$q_{12,n+1}^k0 \to q_{13,n+1}^kL \quad \text{für } k := 1, \ldots, p$$
$$q_{13,n+1}^ka_j \to q_{14,n+1}^ja_k \quad \text{für } k := 1, \ldots, p$$
$$\qquad\qquad\qquad \text{und } j := 1, \ldots, p$$
$$q_{14,n+1}^ja_k \to q_{13,n+1}^kL \quad \text{für } k := 1, \ldots, p$$
$$\qquad\qquad\qquad \text{und } j := 1, \ldots, n$$
$$q_{13,n+1}^k0 \to q_{13,n}a_k \quad \text{für } k := 1, \ldots, p.$$

Nun haben wir

$$0f(w_1, \ldots, w_n, b)0c0w_10 \ldots 0w_nq_{13,n}ba_s0w_1 \ldots w_n0b.$$

Sei $l \geq 1$ und es sei bereits

$$\ldots 0w_lq_{13,l}^lw_{l+1}0 \ldots$$

erreicht. Es geht dann weiter mit

$$q_{13,l}0 \to q_{15,l-1}L$$
$$q_{13,l}a_i \to q_{15,l-1}L \quad \text{für } i := 1, \ldots p$$
$$q_{15,l-1}0 \to q_{13,l-1}0$$
$$q_{15,l-1}a_j \to q_{16,l-1}^j10 \quad \text{für } j := 1, \ldots, p$$
$$q_{16,l-1}^ja_i \to q_{17,l-1}^jL \quad \text{für } j := 1, \ldots, p$$
$$q_{17,l-1}^ja_i \to q_{18,l-1}^ia_j \quad \text{für } i := 1, \ldots, p$$
$$\qquad\qquad\qquad \text{und } j := 1, \ldots, p$$
$$q_{18,l-1}^ia_j \to q_{17,l-1}^ia_j \quad \text{für } i := 1, \ldots, p$$
$$\qquad\qquad\qquad \text{und } j := 1, \ldots, p$$
$$q_{17,l-1}^i0 \to q_{13,l-1}a_i \quad \text{für } i := 1, \ldots p.$$

Dies endet mit

$$\ldots w_{l-1}q_{13,l-1}w_l0w_{l+1}0 \ldots,$$

wobei w_0 als c zu lesen ist. Dann geht das Spiel mit $l - 1$ an Stelle von l weiter. Es endet mit

$$0f(w_1, \ldots, w_n, b)0cq_{13,0}w_10 \ldots 0w_n0ba_s0w_1 \ldots 0w_n0b.$$

Im weiteren Verlauf ist zu beachten, dass an dieser Stelle $c \neq \Lambda$ ist.

$$q_{13,0}0 \to q_{19}L$$
$$q_{13,0}a_i \to q_{19}L \quad \text{für } i := 1, \ldots p$$
$$q_{19}a_j \to q_{20}^j0 \quad \text{für } j := 1, \ldots, p$$
$$q_{20}^j0 \to q_{21}^jL \quad \text{für } j := 1, \ldots, p$$
$$q_{21}^ja_i \to q_{22}^ia_j \quad \text{für } i := 1, \ldots, p$$
$$\qquad\qquad\qquad \text{und } j := 1, \ldots, p$$
$$q_{22}^ia_j \to q_{21}^jL \quad \text{für } i := 1, \ldots, p$$
$$\qquad\qquad\qquad \text{und } j := 1, \ldots, p$$
$$q_{21}^j0 \to q_{30}^j0 \quad \text{für } j := 1, \ldots p.$$

Dies endet mit

$$0f(w_1, \ldots, w_n, b)q_{30}^s 0z0w_1 0 \ldots 0w_n 0ba_s 0w_1 0 \ldots 0w_n 0b.$$

$(2n + 3)$-maliges Transponieren mit jeweils einer Rechtsverschiebung (bis auf die letzte) liefert

$$0z0w_1 0 \ldots 0w_n 0ba_s 00w_1 \ldots 0w_n 0bq_{40}^s 0f(w_1, \ldots, w_n, b).$$

Mit $(n + 1)$-maligem Linksverschieben ergibt sich

$$0z0w_1 0 \ldots 0w_n 0ba_s q_{50}^s 0w_1 \ldots 0w_n 0b0f(w_1, \ldots, w_n, b).$$

Der Zusatand q_{50}^k stößt schließlich das Programm an, welches

$$g_k\big(w_1, \ldots, w_n, b, f(w_1, \ldots, w_n, b)\big)$$

berechnet. Auf Grund der Definition von f haben wir daher nun

$$0z0w_1 0 \ldots 0w_n 0ba_s q_{60} 0f(w_1, \ldots, w_n, ba_s).$$

Mit $(n + 2)$-maligem Transponieren, die ersten $n - 1$ Male gefolgt von einer Linksverschiebung, das letzte Mal gefolgt von einer Rechtsverschiebung ergibt die Situation

$$0f(w_1, \ldots, w_n, ba_s)0zq_{10} 0w_1 0 \ldots 0w_n 0ba_s.$$

Dies ist die Situation (Σ), wenn man dort b durch ba_s und c durch z ersetzt. Wegen $|z| = |c| - 1$ endet schließlich das Verfahren, womit der Satz bewiesen ist.

Satz 6. *Es sei f eine partiell rekursive Wortfunktion. Definiert man g durch die Wortminimierung*

$$g(w) := \mu_{a_i^n}\big(f(w, a_i^n) = \Lambda\big)$$

und ist f Turing-berechenbar, so ist auch g Turing-berechenbar.

Beweis. Wir beschreiben ein Turingprogramm mit

$$q_1 0w0 \Rightarrow q_0 a_i^n 0$$

mit

$$a_i^n = \mu_{a_i^n}\big(f(w, a_i^n) = \Lambda\big).$$

Das Programm τ berechne f. Die Ausgangssituation ist $q_1 0w0\Lambda$. Wir nehmen an es sei $k \geq 0$ und wir hätten schon

$$q_2 0w0a_i^k$$

mit $f(w, a_i^j) \neq \Lambda$ für alle $j < k$. Kopieren liefert

$$0w0a_i^k q_3 0w0a_i^k.$$

Mittels τ erhalten wir

$$0w0a_i^k q_4 0 f(w, a_i^k).$$

Es geht weiter mit

$$q_4 0 \to q_5 R.$$

Im Falle $q_5 0$ ist $f(w, a_i^k) = \Lambda$. In diesem Falle liefert dreimalige Links-verschiebung die Situation

$$q_6 0w0a_i^k 0\Lambda 0.$$

In diesem Falle stößt q_6 das Programm an, welches Π_3^2 berechnet, womit die Rechnung mit dem Ergebnis a_i^k beendet ist.

$$q_5 a_i \to q_7 L.$$

Der Zustand stößt das Programm an, welches O berechnet. Dann haben wir die Situation

$$0w0a_i^k q_8 0.$$

Linksverschiebung liefert

$$0wq_9 0a_i^k 0.$$

Dies stößt das Programm zur Berechnung von S_i an. Dann haben wir

$$0wq_{10} 0a_i^{k+1} 0.$$

Von hier geht es dann zu

$$q_2 0w0a_i^{k+1},$$

womit wir einen Schritt weiter sind, so dass der Satz bewiesen ist.

Nun ist es ein Leichtes, den versprochenen Satz zu beweisen, dass die partiell rekursiven Funktionen genau die Turing-berechenbaren Funktionen sind.

Satz 7. *Ist f eine Wortfunktion über dem Alphabet A, so ist f genau dann Turing-berechenbar, wenn f partiell rekursiv ist.*

Beweis. Ist f Turing-berechenbar, so ist f nach Satz 1 von Abschnitt 15 partiell rekursiv. Ist umgekehrt f partiell rekursiv, so entsteht f aus den Anfangsfunktionen O, S_i, Π_n^i durch Substitution, primitive Wortrekusion, und Wortminimierung. Da die Anfangsfunktionen nach den Sätzen 1, 2 und 3 Turing-berechenbar sind, folgt mit den Sätzen 4, 5 und 6, dass auch f Turing-berechenbar ist.

Damit ist usnser Ziel erreicht.

Literaturverzeichnis

Lehrbücher

Martin Davis
Computability & Unsolvability. New York, Toronto, London 1958

Walter Felscher
Berechenbarkeit. Rekursive und Programmierbare Funktionen. Berlin, etc. 1993

Anatoli Iwanowitsch Malcev
Algorithmen und rekursive Funktionen. Berlin 1974. Aus dem Russischen übersetzt.

Rózsa Péter
Recursive Functions. New York and London 1967. Dies ist die englische Übersetzung des folgenden Werkes.
Rekursive Funktionen. 1. Aufl., Budapest 1951. 2. Aufl., Berlin 1957. Zitiert nach Felscher.

Arnold Schönhage, Andreas F. W. Grotefeld und Ekkehard Vetter
Fast Algorithms. A Multitape Turing Machine Implementation. Mannheim, etc. 1994

Volker Sperschneider und Barbara Hammer
Theoretische Informatik. Berlin, etc. 1996

Antologie und Geschichte

Martin Davis
The Undecidable. Basic Papers on Undecidable Propositions, Unsolvable Problems, and Computable Functions. Hewlett, New York 1965

Sybille Krämer
Symbolische Maschinen. Die Idee der Formalisierung in geschichtlichem Abriß. Darmstadt 1988

Originalliteratur

Wilhelm Ackermann
Zum Hilbertschen Aufbau der reellen Zahlen. Math. Ann. 99, 118–133, 1928

Caelius Aurelianus
On Acute Diseases and On Chronic Diseases. Edited and Translated by I. E. Drabkin. Chicago 1950

Georg Cantor
Ein Beitrag zur Mannigfaltigkeitslehre. J. reine und angewandte Mathematik 84, 242–258, 1878

Kurt Gödel
Über formal unentscheidbare Sätze der Principia Mathematica und
verwandter Systeme I. Monatshefte für Mathematik und Physik
38, 173–198, 1931

David Hilbert
Über das Unendliche. Math. Ann. 95, 161–190, 1926

Steven Cole Kleene
General recursive functions of natural numbers. Math. Ann. 112, 727–
742, 1936

Rózsa Péter
Über den Zusammenhang der verschiedenen Begriffe der rekursiven
Funktion. Math. Ann. 110, 612–632, 1934
Konstruktion nichtrekursiver Funktionen. Math. Ann. 111, 42–60, 1935
Über die mehrfache Rekursion. Math. Ann. 113, 489–527, 1936

Emil L. Post
Recursively enumerable sets of positive integers and their decision
problems. Bull. Amer. Math. Soc. 50, 284–316, 1944

Bertrand Russel und John H. C. Whitehead
Principia Mathematica. Cambridge 1910–1913. Zitiert nach Krämer.

Thoralf Albert Skolem
Begründung der elementaren Arithmetik durch die rekurrierende Denk-
weise. Videnskapsselskapets Skrifter (Kristiania) I. Math.-Naturw.
Kl. (1923), Nr. 6
Über die Nicht-Charakterisierbarkeit der Zahlenreihe mittels endlich
oder abzählbar unendlich vieler Aussagen mit ausschliesslich Zah-
lenvariablen. Fund. Math. 23, 150–161, 1934

Alan Mathison Turing
On Computable Numbers, with an Application to the Entscheidungs-
problem. Proc. Lond. Math. Soc., ser. 2, 42, 161–228, 1937
On Computable Numbers, with an Application to the Entscheidungs-
problem. A Correction. Proc. Lond. Math. Soc., ser. 2, 43, 544–546,
1937

Index

Druck: Saladruck, Berlin
Verarbeitung: H. Stürtz AG, Würzburg